考察天下第一峽

章銘陶 編著

商務印書館

考察天下第一峽

編　　著：章銘陶
責任編輯：葉常青
出　　版：商務印書館（香港）有限公司
香港筲箕灣耀興道3號東滙廣場8樓
http://www.commercialpress.com.hk
發　　行：香港聯合書刊物流有限公司
香港新界大埔汀麗路36號中華商務印刷大廈3字樓
印　　刷：中華商務彩色印刷有限公司
香港新界大埔汀麗路36號中華商務印刷大廈
版　　次：2006年5月第1版

ISBN 13 - 978 962 07 1765 9
ISBN 10 - 962 07 1765 1
Printed in Hong Kong

目錄

第一章　穿行天下第一大峽谷

第一節　非常時期的科學考察 8

雄偉大峽彎 8

雅魯藏布江 8

第二節　與大自然結緣 11

青少年時代的嚮往 11

難以置信的巧合 12

曙光再現的西藏科學考察 13

第三節　初探大峽彎的西方來客 15

探索大峽彎的緣起 15

最早進入大峽彎的金塔普 17

屢受挫折的貝利和墨舍德 18

知識廣博的金敦·沃德 19

曾與沃德同行的傳奇老媽媽 20

第四節　走近天下第一峽 21

飛往拉薩 21

聚首藏東南 23

一路驚魂 25

獨木輕舟渡大江 27

小專題： 世界大峽谷巡禮 30

第五節　徒步翻越喜馬拉雅山 32

大峽彎的門戶——派村 32

山脊上的遐想 33

天下少有的氣候生物垂直分帶 34

勇闖"老虎咀" 36

西藏竟有熱帶雨林！ 38

第六節　門巴村落的奇聞軼事 42

造訪地東村 42

希讓村裡話今昔 44

揭示"麥克馬洪線"的真相 45

小專題： 大峽彎內的民族 48

第七節　艱難險阻峽彎行 50

大峽彎中行路難 50

在阿尼河的絕壁上 51

雲中漫步 53

墨脫的藤網橋 56

涉險藤溜索 58

鋼索飛渡大峽彎 59

命懸一線測江流 61

翻崖涉水進入無人區 62

第八節　毒蛇和毒蟲的突襲 65

草莽劫賊旱螞蝗 66

奮戰銀環蛇 67

蜱的偷襲 68

野蜂群的圍攻 69

第九節　峽谷中的災變 70
談虎色變的墨脫大地震 71
崩塌倒石堆與泥石流 73
騷動不安的則隆弄冰川 74
第十節　豐碩的收穫 76
舉世無雙的水能資源 77
發現德姆弄巴熱噴泉 78
第一個沸泉的啟示 79
扎曲的熱泉和泉華錐 80
重訪通麥長青沸泉 82
延伸思考（1） 84

第二章　發現喜馬拉雅地熱帶

第一節　地球的“窗口” 86
龐大的地下熱庫 86
話說水熱活動 87
第二節　形形色色的熱泉和沸泉 88
高原春常在 89
精彩的布雄朗古水熱活動 90
“瑪瑙山”之謎 92
尋訪“死魚河” 93
高原上的天然熱水日光浴 95
“古格王國”裡的曲隆熱泉 98
第三節　激動人心的水熱噴發 101
岡底斯山神的炊具 101
壯麗的搭各加間歇噴泉 105
後來居上的查布間歇噴泉 109

懸崖上的噴發 111

不留遺憾的巴爾沸噴泉之行 113

第四節　迅猛的水熱爆炸 116

我國首次發現水熱爆炸 116

溫泉蛇啟示錄 118

阿里曲普的水熱爆炸奇觀 121

第五節　為西藏開發地熱資源 125

充滿希望的羊八井地熱田 125

羊八井地熱電站 129

延伸思考（2） 130

第三章　卡爾達西火山紀行

第一節　中國大陸火山的最新爆發 132

情繫新疆克里雅火山群 132

難能可貴的機遇 133

從風雪高原到沙漠綠洲 134

第二節　莽莽崑崙徒步行 135

尋訪“卡爾達西”火山 135

孤身上路、重返高原 137

登上火山口 139

歸途暴風雪 143

跋 145

延伸思考（3） 146

第一章

穿行天下第一大峽谷

人間天河雅魯藏布江，
繞到氣勢恢宏的喜馬拉雅山，
形成舉世無雙的大峽彎。
我曾兩度親臨其境，
經歷了充滿傳奇式的艱苦跋涉，
被它那高深莫測的穹崖峻谷和
峭拔雲天的兩大雪峰所震撼，
領略了世間罕有的氣候生物垂直帶譜和
洶湧澎湃的驚濤駭浪。
我們填補了學科空白，
為曠世之作的未來巨型水電站，
描繪了一幅極具想像力的藍圖。

第一節　非常時期的科學考察

雄偉大峽彎

1973年9月底的一個下午，動盪了七年多的文化大革命還沒有平息，我卻和隊友在奮力攀上喜馬拉雅山脈東段的多雄拉山口。當我們置身喜馬拉雅山的山脊上，一種莫名的自豪和興奮油然生起。越過眼前莽莽的暗色林海，遙見遠方被雲層纏腰的伯舒拉山脈，雪峰逶迤，連綿不絕。就在那綿綿白雲的下方，隱匿着神秘莫測的大峽彎。它從我們今早剛剛離開的雅魯藏布江河谷，繞過喜馬拉雅山脈東端巨大的南迦巴瓦峰，一路上奔騰咆哮200餘公里，硬是在岩崖之間碾出一條高深險怪的馬蹄形大峽彎，再度展現在我前方的視線盡頭。

近百年來，雖然有國外的探險家和科學工作者從不同路徑闖入大峽彎，但仍然有大量的路線空白和科學空白需要填補。想到從多雄拉山口還要用上整整三天的時間一直下降3,000多米，也只能走到接近大峽彎下游谷底的馬尼翁。這條雄奇詭秘的雅魯藏布大峽彎，用甚麼樣的言詞來形容也不為過。我有幸作為中國第一批科學工作者，即將親歷其境，不禁思潮起伏，感慨萬千。

1973和1974年，我們兩次徒步進入大峽彎，前後七十五天，如今重溫那段驚險艱辛的旅程，仍然歷歷如昨。

雅魯藏布江

橫亙在西藏南部的雅魯藏布江，古代稱作央恰布藏布，意思是從最高峰上流下來的水，這個名字很配合這條“人間天河”，因為它的平均海拔約有4,000米。雖然它的長度只有2,057公里，列為中國第六大河，但是它的流量超過黃河，僅次於長江和珠江而列為中國第三。

大峽彎的彎頂
雅魯藏布大峽彎繞過南迦巴瓦峰後，急劇轉折。對岸突出的山咀，是喜馬拉雅弧形山系的最東端。

這條高原上的大河發源於喜馬拉雅山脈中段。它有南北兩源，北源出自一座馬頭狀的小山，馬頭兩側各有冰川流過，好像兩隻銀色馬耳，融水從冰舌下流出，所以藏族稱這北源為出自馬耳朵的水；南源庫比藏布，被藏族尊為神水，視作正源。南北兩源匯合後，在海拔 4,600 米左右的平野上恣意擺蕩，河牀游移不定，在流水改道之後的廢河牀上，變成一條綠衣帶似的沼澤草甸，是牧畜的好地方。

在海拔 4,200 米以下，中游的雅魯藏布江收斂了個性，基本順直地沿着歐亞大陸和印度次大陸碰撞的縫合線一路東去，因為那裡是地殼構造的薄弱帶。雅魯藏布江曾在中游四度劈開重重的花崗岩山嶺，形成削壁夾峙的峽谷，最窄處的江面只有十幾米寬，而在各峽谷之間由寬谷相連，形成一束一放的串珠狀河谷面貌。在寬谷段和主要支流的下游河谷，散漫的水流形成枝杈紛亂的髮辮狀河道。兩岸氣候溫涼的沃土，經過千百年來的澆灌成為世界上最高的農業區，那裡農田阡陌縱橫，是藏族文明的搖籃。

海拔降到 3,000 米左右，從米林縣的派村東望，遙見兩座峭拔的雪峰凜然屹立，北面海拔7,294米的加拉白壘峰是伯紹拉山脈的主峰；南側海拔7,782米的南迦巴瓦峰雄踞喜馬拉雅山脈的尾閭。咆哮的江水面對這難以逾越的森嚴壁壘，竟然從對峙的兩峰之間硬闖出一條高深莫測的通道，再繞到南迦巴瓦峰，在高原上打了一個深陷的大馬蹄印，成就了天下第一峽。大自然的鬼斧神工，創造出險象四伏的穹崖巨谷和層出不窮的奇觀，卻偏偏忘記了留下一條可供人通行的路徑，以至一個多世紀以來，探險家、科學家披荊斬棘，歷盡艱辛，甚至不惜生命，想探明其中的奧秘。

雅魯藏布江南源——庫比藏布　1995年我們與瑞典科學家一同考察庫比藏布。

第二節　與大自然結緣

青少年時代的嚮往

我的大峽彎之夢，以及對於火山、地熱等紛繁的自然地質現象的嚮往，肇源於我的青少年時代。

我生在一個知識分子家庭，母親善於言教，總是娓娓講述外祖父在中國早期鐵路建設的貢獻；他主持修建南潯鐵路（南昌 — 九江）；設計和主持建造上海的外白渡大橋；又在主持修建粵漢鐵路（廣州 — 漢口）的時候，接受當時中國鐵路工程界鼻祖詹天佑的邀請，北上共建平綏鐵路（北平 — 歸綏），可惜中途客死他鄉。如今南潯鐵路和粵漢鐵路已分別成為京九鐵路（北京 — 九龍）和京廣鐵路（北京 — 廣州）的一段；上海外白渡大橋至今仍在承載成千上萬來往的車輛和行人。我雖然沒能見到外祖父，但母親給我講這些故事，當然是希望我能成為像外祖父那樣有所作為的鐵路工程師。一生不苟言笑的父親，則不時提起我的祖父當年飄洋過海，刻苦攻讀的事跡，我記得他一直保存祖父在美國半工讀時穿過的工作服。不過，把我的志趣引向更廣闊天地的是父親帶回的科技書刊、中外地圖和唱片。我記得美國的《國家地理》雜誌，經常帶給我全新的感受，特別是有關黃石國家公園的報導；那“老實泉”定時噴發，騰空而起，扣人心弦；那“牽牛花”熱水塘變幻的色彩，令人眩目；還有那“猛瑪”熱泉光怪陸離的巨型泉華台地……。對於這些大自然傑作的嚮往，深深地影響了我後來的生活道路。

高中時代，蘇聯作家伊林的《人與自然》、《人和山》；瑞典探險家斯文赫定的《我的探險生涯》；法國作家儒勒．凡爾納的《八十天環遊世界》等科普讀物，以及像《旅行家》、

《大眾科學》和《地理知識》等科普刊物，成為我的良師益友。我從這些書刊知道，地球上還有更多令人着迷的境地：中國最新的新疆火山噴發；被稱為"地球巨大傷疤"的東非大裂谷；翻崖飛雪的北美尼亞加拉大瀑布；還有神秘莫測的雅魯藏布大峽彎……。

那時我的家，正好在當時北京大學地質系院落的隔壁。是興趣所致，也是近水樓台的緣故，我總不放過大學開放日的機會，流連在擺滿展品和掛圖的地質陳列室。那些琳瑯滿目的礦物岩石，形形色色的古生物化石和古動物標本，還有反映地球演化、地殼運動、火山噴發、恐龍時代的畫面，深深地感染了我。大自然無窮的魅力召喚着我，使我從夢想做一名鐵路工程師，轉向有志成為探索地球奧秘的地質工作者。

難以置信的巧合

1952年，北京大學與清華大學的地質系合併為北京地質學院，1956年我成為這所新校的學生。入學後我選讀的專業，不是傳統的地質找礦，而是與地下水資源和大型水利、土木建設工程密切關聯的水文地質與工程地質系。大學生活最令我愜意的是三次野外教學實習，我有機會遠走北國南疆，在中蒙邊界的大草原上策馬疾馳，也曾登上南中國海的火山島嶼，使我融入大自然之中，充分享受它的壯與美。

大約三年級時，《人民日報》連載"治沙隊員日記"，引起我注意。這則日記記述了治沙隊在寧夏騰格里沙漠中建設包蘭鐵路（包頭—蘭州）時，與風沙和寒暑搏鬥的日日夜夜。我從日記裡，也從後來參加過青海鹽湖綜合考察的老師講述的故事裡，知道組織這些考察隊的研究機構——中國科學院自然資源綜合考察委員會，它以專門從事中國邊遠地區自然資源的綜合考察以及填補科學空白為己任，這正是令我心馳神往的事業。畢業後，我如願以償地被學校推薦到這個機構工作。世間的巧合，有時令人難以置信。1956年建立的中國科學院自然資源綜合考察委員會，正位於原北京大學地質系的舊址，而我的辦公室，正是當初給我以人生啟迪的原地質系的地質陳列室。

第一年，我被派在蒙寧（內蒙古、寧夏）綜合考察隊，在內蒙古東部半乾旱的西遼河流域考察地下水資源。那時主要的交通工具是有篷的大卡車，經常由不同專業的人員臨時組合，共乘一輛車。這種組合形式給我莫大的新鮮感，為相互學習，擴大知識面提供了好機會。考察工作從一開始就充滿艱辛、危險和意外的收穫，記得在汽車不能通行的半沙漠區，我們要改乘馬車；為了調查農田的春旱夏澇，我曾孤身一人徒涉水深齊胸的河流，也曾單獨騎馬嚇退尾隨的野狼；還曾在老哈河畔的陡崖上，發掘出幾萬年前生活在這一帶的猛獁象的象牙和骨骼化石。

第二年，我被調往新成立的西南地區綜合考察隊，以後的幾年在貴州、雲南和四川的山山水水之間度過。西南地區的東部石灰岩廣佈，我不知多少次進入縱橫交錯的地下溶洞，尋找下面的暗河，有時被繩子懸在深邃的石灰岩豎洞中動彈不得，有時在支岔紛亂的地下溶洞中迷路，隨時有蛇、蟲、落石和落入深澗的威脅。

西南地區的西部，已經是青藏高原的邊緣。金沙江在崇山峻嶺中開闢出連綿不斷的峽谷，其中峽關三重的虎跳峽，夾峙在5,000 多米高的玉龍、哈巴兩座雪山之間。我曾冒雪攀登玉龍雪山，也曾進入上虎跳峽。虎跳峽的兇險，為長江三峽所不及，但比起雅魯藏布大峽彎，想必是小巫見大巫了。

曙光再現的西藏科學考察

正當我的生活軌跡順利延伸的時候，史無前例的文化大革命席捲全國。在鋪天蓋地的大批判、大字報的衝擊下，中國科學院幾乎所有科研項目都停滯下來，接着是知識分子被下放到五七幹校接受再教育。直到 1972 年春，隨着一批務實的中央領導人復出，政治形勢有所改變，中國科學院來了位有實力的領導人劉華清，這位曾經叱咤國防科研戰線的將軍，首先召回各地幹校的科研人員，然後召集了一批知識界的精英，緊鑼密鼓地籌劃科學界的未來。其中因中印邊境反擊戰及文化大革命而中斷十一年的西藏綜合考察項目，被列入十年科學規劃，由科學院屬下的自然資源綜合考察委員會組建青藏高原綜合科學考察隊來執行。

幅員遼闊的青藏高原佔中國面積的四分之一，平均海拔 4,000 米高，號稱"世界屋脊"。直到二十世紀中葉，在這片被冰峰雪嶺禁錮的高原上，究竟有多少世界級的地學和生物學的奧秘沒有被揭開？沒有人能説清楚，青藏高原依然是一片科學的處女地。

青藏高原綜合科學考察隊成立伊始，就把第一年的考察目標鎖定在西藏東南部的察隅地區和雅魯藏布江下游的大峽彎。消息傳出，那些曾經參加過綜合考察的老隊員紛紛報名加盟，有的為了尋找一方淨土，逃避文革現實；有的則是不願長期無所作為，荒廢學業；就連遠在新疆、雲南等地的老隊友也發來電函，一時間青藏科考隊成為眾望所歸的熱門。但在文革期間，經費、物資、燃油供應都十分困難，野外考察的第一年，隊伍的成員要嚴格控制在五十人以內，而進入大峽彎的人員，更不能超過八個人。

文革十年，正值我一生中最有創造力的年華。為了不甘虛度，我甚至不加選擇地爭取一些臨時性的工作來不斷自我充實，因而下放到五七幹校的時間，充其量只有半年。在青藏高原綜合科學考察隊組隊之際，我正為編寫科學教育影片《工業用水》的劇本遠赴大連、上海等沿海城市。待我回京後，所有考察項目和內容都已確定，第一年進藏的五十個名額早已填滿。因為青藏高原有我嚮往已久的雅魯藏布大峽彎，也有中國最新噴發的火山，還可能出現像美國黃石國家公園那樣精彩的水熱活動和地熱資源。帶着一種時不我待的衝動，我找到當時負責組隊的孫鴻烈隊長，力陳開展地熱資源考察和大峽彎地區工程地質調查的科學價值和實用意義。憑着他對我的了解和信任，我有幸成為中國第一批進入雅魯藏布大峽彎的科學工作者的一員，也為日後從事青藏高原的地熱考察打開了大門。

第三節　初探大峽彎的西方來客

滿清末年，國家積貧積弱，科教不興，國力衰微，沒有科學認識青藏高原的意識和能力。民國初年，各地軍閥混戰，更是無暇它顧。直到二十世紀三十年代，國民政府派遣中央研究院的氣象和地理學家徐近之先生，帶着氣象觀測儀器，騎着騾子從青海的西寧出發，到達西藏的拉薩，建立起拉薩氣象觀測站。他還對沿途所經的自然地理環境進行了觀察，算是中國人以近代科學的視角和方法認識青藏高原的起點。在此之前，青藏高原卻是西方探險家和科學工作者踏足的天地，雅魯藏布江的大峽彎更是如此。在我們進入大峽彎的前後，我曾陸續查找到外國人進入大峽彎的記錄，為我們的考察研究工作提供有用的資料和參證。

探索大峽彎的緣起

十五至十七世紀歐洲“地理大發現”的浪潮，改變了歐洲人模糊的世界觀，同時也鼓動了一些西方人懷着不同的目的，闖進地球的各個角落。

在這個背景之下，十七世紀初，葡萄牙天主教傳教士進入了中國雪域高原最西端的阿里地區，但受當地僧眾反對而難以立足。這是歐洲人進入西藏的最早記錄。此後直到十九世紀後期，英國已經統治印度，英國人才從印度方向翻越喜馬拉雅山的各個隘口，到達西藏的南部。隨後又有俄國、法國和瑞典人，從北方穿越崑崙山和羌塘高原進入西藏。他們背景複雜，有商人、傳教士、軍人和探險家，也有科學家和學者。然而無論他們的居心如何，社會背景怎樣，都受到清朝政府和西藏地方當局的限制，不得接近藏區核心的雅魯藏布江中、下游地區。至於雅魯藏布江下游大峽彎所在的藏東南地區，由於山重

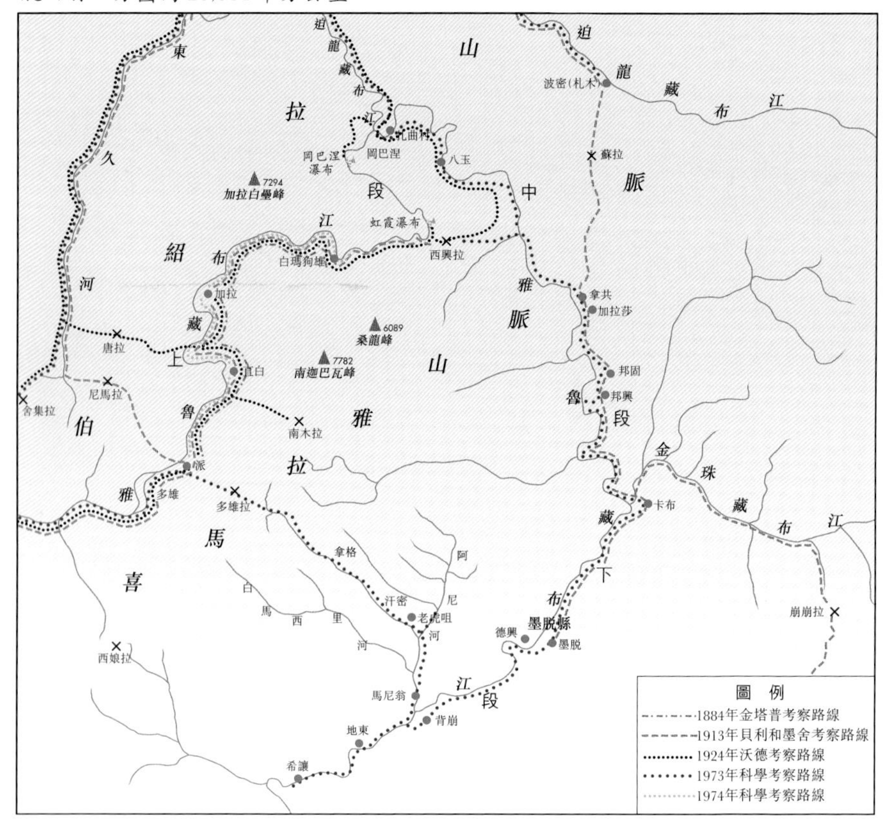

考察大峽彎路線圖　雅魯藏布大峽彎地區，分屬於西藏東南的林芝、米林、波密和墨脫四縣，方圓約 25,000 平方公里。

水覆、地勢險惡，更一直是難以通達的秘境。英國人因而訓練了一些西藏境外的原住民，利用他們的生活習俗、語言、服飾和血緣與藏民近似，派他們進入藏區，執行調查和測繪。

1880年代，亞洲大陸的南部，除了泰國（暹羅）以外，先後淪為英、法兩國的殖民地。但是英國和法國人並不清楚從印度東部直到越南之間廣大地區的布拉馬普特拉河、薩爾溫江、伊洛瓦底江和湄公河等亞洲大河，與中國青藏高原東南部，奔流於深山峽谷之間的雅魯藏布江、怒江、瀾滄江和金沙江的歸屬關係。其中被譽為雪域天河的雅魯藏布江，究竟是布拉馬普特拉河的上游，抑或是薩爾溫江，甚至是伊洛瓦底江的上游？如果雅魯藏布江是布拉馬普特拉河的上游，這兩條河之間有如此懸殊的落差，其間是不是有巨大的瀑布？這些懸疑，一時成為發起考察和測量雅魯藏布江下游的重要緣由。

最早進入大峽彎的金塔普

1879年，英屬印度測量局派遣了一個受過訓練的錫金籍喇嘛進入西藏，他的副手名叫金塔普（Kinthup）。英國人要求他們從支流丹巴江深入到雅魯藏布江幹流下游，並且按照約定的時間，每隔十天放下一批標有特殊記號的漂木。與此同時，又在印度阿薩姆邦的布拉馬普特拉河的河畔設立了觀測站，細心監察，回收漂木。

在當時的條件下，這個計劃本來設想得十分周全，但在布拉馬普特拉河觀測的人員，卻最終一無所獲。原來被派入西藏的喇嘛竟把考察用的經費揮霍一空，不僅沒有執行放送漂木的任務，還把副手金塔普也賣給當地的領主為奴。喇嘛逃之夭夭，金塔普卻勞役度日。後來金塔普從領主手中逃脱，幸虧得到一間寺廟的主持收留，並替他贖了身。

重獲自由的金塔普，沒有一走了之，也沒有因為自己本是

金塔普

副手的身份而放棄工作，竟然忠於所事，獨力繼續他的考察行程。在當地人的協助下，執行放送漂木的任務。不幸的是，受他委託赴印度聯繫觀測和回收漂木的人中途死亡，使這次行動無效而終。因此歐洲人最早探索雅魯藏布江下游大峽彎的行動，實際上是由西藏境外的原住民金塔普執行的。因為金塔普是個文盲，所以大峽彎的情況和他的經歷，只能口述由別人記錄下來。

金塔普曾經進入大峽彎的上段，在白馬狗熊下游 1 公里的河牀上發現一處瀑布，他目估落差有 15 米。

屢受挫折的貝利和墨舍德

地理世家出身的英國人貝利（E. Bailey）和英屬印度測量局官員墨舍德（C. Mershed），為了進一步澄清雅魯藏布江下游的歸宿，於 1913 年 5 月沿金珠藏布江進入大彎下段的墨脫，折返後，溯流到中段的拿共村，再翻越伯舒拉山順迫龍藏布江而下，計劃從扎曲村順幹流重返拿村。不料迫龍藏布江下游通往大峽彎的橋樑和溜索毀於一場大火。他們不得不翻山越嶺到達大峽彎進口的派村，再順江進入大峽彎的上段。在接近峽谷向北轉折的地方，終因口糧斷絕而返回。

貝利和墨舍德的考察飽受挫折，但在為時兩個多月的考察期間，所得的成績卻很不俗。他們基本上確定雅魯藏布江和布拉馬普特拉河是上、下游關係；發現了峽谷北側的加拉白壘峰，測量了該峰和南迦巴瓦峰的高度；又測量了若干山口、村落和江面的位置和高程，分段計算了河道的落差；考察了1884年金塔普在白馬狗熊以下發現的瀑布，認為它實際上是一段急流和跌水，總落差不足10米；在南迦巴瓦峰的北坡和加拉白壘峰的南坡，發現了三十五條冰川；記錄了在沿途發現的各種動物、植被分佈和森林類型；調查了大峽彎中民族的分佈、組成、遷徙路線和宗教活動等。

知識廣博的金敦·沃德

在貝利考察大峽彎的十一年之後，英國著名植物學和地理學家沃德（F. Kindgam Ward），在英國極地考察家考德爾的（E. Cowder）協同下，考察了大峽彎的上段，以及貝利沒能到達的一部分中段峽谷。考察的目標，除了植被的地理分佈以外，還要確定大峽彎中段的河道走向，以及是否存在大瀑布。

在形形色色的歐洲探險家、旅行家和科學家之中，沃德是屬於醉心科學的一類。他曾是英國駐印度後備部隊中的一名軍官，又曾在上海一所農業學校執教。由於他懂漢語，為他的考察工作帶來不少方便。

1924年夏季，沃德一行輾轉於大峽彎的上段和周邊的山地，但卻因為山口積雪，或是沿途洪水和大雨滂沱，沒能夠完成深入大峽彎的計劃。同年十月，他們一行人再度來到大峽彎入口的派村，要沿江下行到加拉村。由於秋季的大峽彎地區氣候轉好，江水回落，通行條件改善，因此他們在加拉村組織了二十三名男女揹伕，再加上嚮導等，一行共二十八人，沿江向東進發，經過白馬狗熊和又翻越興拉山口，到達大峽彎中段的八玉村。他們更換了部分揹伕後，在桑嘎東村以溜索過江，到達當年貝利沒能到達的扎曲村。

沃德一行在大峽灣向西北轉折的河牀上發現了落差12米的“虹霞”瀑布；又在迫龍藏布江匯合口以上 5 公里的幹流上，發現了落差有 30 多米的瀑布群；他們調查了植被分佈和岩石岩性；了解了當地居民貿易、進香、狩獵、種植等人文情況。

沃德的知識廣博，在植被調查和動、植物區系方面作出的貢獻，為中國的生物學界所熟知。他還涉足地質學和地貌學領域，又特別注意在人文地理和民族社會學方面的調查。他的調查成果基本上是嚴謹、客觀和可信的。他把他在雅魯藏布大峽彎中的經歷寫成了《雅魯藏布峽谷之謎》（*The Riddle of the Tsanpo Gorge*）一書。

曾與沃德同行的傳奇老媽媽

談到沃德，不得不叫我憶記起在大峽彎考察期間遇到的一位老媽媽。

1974 年 8 月，我在加拉以上的直白村調查 1950 年墨脱大地震的震情時，找到一位藏族老媽媽卓瑪青宗。1950 年的大地震引發了廣泛的雪崩，同時導致附近則隆弄冰川的冰舌崩落，崩塌的冰雪在一瞬間掩埋了直白村，全村一百多人死於非命，只有正在水磨房磨糌粑的卓瑪青宗被冰雪推到磨盤下。在冰雪的覆蓋下，她僅靠融水和糌粑堅持了十九天，待到冰雪融化，才奇跡地獲救生還。地震三十四年後我見到她時，她已經七十七歲，是一位雙目失明的老媽媽了。歲月的風霜在她的臉上留下了深深的皺紋，但她的記憶仍然清晰。她用平和的語氣述説着大地震中的遭遇，好像發生在久遠的年代。十分湊巧，這位老媽媽就是 1924 年隨沃德等人進入大峽彎的其中一名揹伕，那時她才二十七歲。她向我娓娓道來沃德和考德爾一路上攀崖、砍路、過急流的情景，描述他們沿途測量、拍照、採集花草、打野獸、捉鳥和收集鳥蛋的情況。在他們到達大峽彎中心的八玉村後，換了一部名揹伕，向迫龍藏布江的匯合口走去。

在沃德考察雅魯藏布江大峽彎之後，還留下從拿共到八玉村以及從墨脱到希讓的兩段空白，四十九年後的1973年，就由我們這一支考察隊去填補。

第四節　走近天下第一峽

飛往拉薩

1973年9月初，進藏的日子臨近了，我趕忙把手頭上《工業用水》科教片的劇本脱稿，便與在北京待命的鮑世恒和關志華離開暑熱剛剛消退的北京，踏上開往四川成都的列車，準備從那裡啟程，登上嚮往已久的青藏高原。

1970年代，前往西藏的路只有青藏、川藏和新藏三條公路，以及成都至拉薩這一條飛機航線。從成都乘車進藏，要橫穿高原東部山高谷深的橫斷山區，在正常情況下，也要十二至十五天才能到達，如果遇到塌方、洪水或泥石流，更有可能被困在路上，而飛機的航程只需兩個多小時。為了節省體力和如期進入大峽彎，我們選擇了乘飛機。然而那時從成都到拉薩的航班，每週只有兩班，航機是前蘇聯製造的伊爾18型四引擎渦輪螺旋槳飛機，只能載八十多人。由於機位少，需要預先登記、排號才能買到機票。大約等了十天之後，我們終於上了飛機。

從成都起飛，須臾之間進入雲海茫茫的橫斷山區上空，首先映入眼簾的是有“蜀山之王”尊稱的貢嘎雪山，它那海拔7,556米的主峰聳立雲層之上。越向西行，雲層越淡薄，透過白雲的間隙，一條條南北延伸的橫斷山系脈絡和深藏其間的金沙江、瀾滄江和怒江幹、支流峽谷依次出現。越過橫斷山區，就是那冰川四溢的念青唐古拉山脈。遙望南方天際，只見那一叢叢雪峰峭拔於群山之上，從方位判斷，應該是雅魯藏布大峽彎迂迴輾轉於其間的喜馬拉雅山東段和伯舒拉山的群峰。

飛機沿着筆直的雅魯藏布江中游谷地徐徐下降，紛亂的辮狀水流清晰可見，我們終於降落在拉薩機場。機場位於河谷南側的貢嘎縣城附近，海拔 3,500 米，這是當時全中國海拔最高的機場。由於空氣稀薄，據説只有蘇製伊爾 18 型機適合升降。這種困難的飛行條件，讓我想起抗日戰爭時期，中美聯合開闢了從印度途經喜馬拉雅山和橫斷山區到達雲南的空運戰略物資的航線。三年多裡，損失了大量飛機和中美機組人員！

拉薩機場的設施十分簡單，幾條橫七豎八的長木凳就算是候機區了，所有行李物品都要旅客自己搬運。在高原，剛一下飛機的感覺是輕飄飄的，待到搬運完行李和裝備之後，卻已氣喘吁吁了。從機場驅車西行到市區，跨越當時雅魯藏布江中游唯一的一座公路橋轉向東北，進入拉薩河河谷，觸目盡是寬敞的田野，青稞和小麥尚未成熟。高原上的氣候清涼，農作物的生長期比內地長，成熟季節也要推遲。

雄偉的布達拉宮遙遙在望了，城堡式的建築輪廓和赤紅、潔白的外牆色彩越來越鮮明。拉薩市區在拉薩河的北岸，布達拉宮又座落在市區以北的紅色小丘上，俯瞰拉薩河河谷，氣勢威嚴莊重。進入市區，那種平頂、土牆、窄窗的藏式民居和店舖，參差錯落地排列在道路兩旁，空氣中有一種混合了香火和柴草燃燒所散發的氣味。

我們住在鄰近西藏自治區政府駐地的自治區賓館。當時正值文革，知識分子是接受再教育的對象，從下飛機搬運行李裝備到裝車卸車，再到抬上我們居住的三樓，全部要自己動手。誰知道在高海拔地區，劇烈活動是觸發高山反應最主要的因素，當天下午，心悸、氣喘、頭痛、厭食、噁心等一系列症狀接踵而來。在拉薩停留的三天，受高山反應困擾，我們只到附近的大昭寺和周圍的八角街走了一圈。

聚首藏東南

從拉薩我們要東行800 多公里，趕往大峽彎外圍的波密縣所在札木鎮，與完成了第一階段藏東南野外考察的隊員結合。在拉薩和扎木之間，有著名的川藏公路最西段聯結。科考隊派來接我們的車，那是一輛四輪驅動拖炮用的卡車，司機老李是一個胖乎乎的山東人，剛從軍隊復員，轉業為司機不久。他不多講話，卻又時常語出驚人，圓圓的臉上一對瞇縫着的細眼，嘴角總是掛着幽默式的微笑。

清晨，我們驅車從乾燥的拉薩河河谷出發，穿過溫和濕潤的尼洋河河谷，再進入萬木葱蘢的迫龍藏布江河谷，其間翻越了兩座海拔 5,000米以上的分水嶺，經過兩天起早摸黑的顛簸，終於到達札木鎮。大峽彎地區分屬於西藏的米林、墨脱、林芝、波密四個縣，這次考察的重點則是米林、墨脱兩縣所轄的大峽彎幹流。

札木鎮座落在雪山環抱的迫龍藏布江河谷，清澄的河水，湛藍的晴空，悠悠的白雲，和那漫山遍野的綠色林海，讓我們遠離文革的紛擾和無奈，享受世外桃源般的怡然自得，實在令人陶醉。札木鎮當時是西藏重要的林業基地，除了政府機構外，鎮內的民居、商舍多用木料建造。我們青藏科學考察隊的臨時部隊，就設置在鎮邊的一排木屋裡。已經集中的隊友，正在屋內屋外忙於整理資料，翻曬標本和收拾行裝。不知是誰從森林中捉到一隻幾個月大的小黑熊，拴在屋外空地的一棵樹幹上，牠那毛茸茸的憨態博得隊友的寵愛，大家一有空閒，總是圍着牠有説有笑，有的逗着牠玩，有的餵牠食物。

野外營地　我們在加拉以下的三邊台地上紮營，有的隊員在整理筆記，有的在準備器材，還有的人在生火做飯。

準備進入大峽彎的水能考察組共有八人，第二天在我們住的木屋裡召集了第一次會議。組長何希吾熟習水利工程結構，別看他個子不高，卻肌肉發達，膂力過人；副組長是專門研究大地構造的鄭錫瀾，黝黑的臉膛，操一口讓人難懂的客家口音普通話；組員中從事水文研究的鮑世恆，是一位平時衣裝整潔的上海人；從事水能研究的關志華，在大學期間曾獲得過國家自行車一級運動員的稱號；專職地貌工作的楊逸疇和隨行的上海科教電影製片廠的攝影師趙尚元，都是身高1.8米以上的籃球和田徑運動員；負責全組行政事務的馬正發，也是位身大力不虧的河北漢子；比較起來，八個人中算我最為瘦削，但是大家公認我輕盈靈活，有足夠的耐力和韌性，讀大學期間，我也曾獲得國家跳高三級運動員的稱號，又擔任過系裡的棒球隊隊長和投手。

應該説，我們這個組是個專業齊備，人員精悍的考察小分隊。

大峽彎全長230公里，分別以馬蹄形彎拐頂端的迫龍藏布江匯合口，以及它以下的金珠藏布江的匯合口為界，劃分成上、中、下三段。即是説，由派村沿江而下至迫龍藏布江匯合口是上段了。由迫龍藏布江匯合口至金珠藏布江匯合口是中段；而由金珠藏布的匯合口往下至希讓是下段。中、下段峽谷的海拔低，又處在喜馬拉雅山脈的南坡，比上段的雨季長，雨量大、氣溫也較高。在九月下旬，正是大峽彎中、下段雨季的尾聲，而進入大峽彎的大部分山口還沒有被大雪封住，是進行野外考察工作比較理想的時節，因此我們決定今年的考察任務是考察大峽彎的中、下段。上段的考察任務留待明年（1974年）進行。

一路驚魂

進入大峽彎的中、下段，可以就近從我們身處的札木鎮沿迫龍藏布江下游往下行，到達迫龍藏布江與雅魯藏布大峽彎匯合口附近的扎曲村，然後再順流向大峽彎的中段和下段行進，並在大峽彎下段翻越喜馬拉雅山的多雄拉山口，走出大峽彎。但是九月份以後，高山區的氣溫迅速降低，多雄拉山口會因降雪範圍擴大，積雪過深和雪崩頻繁而封山。因此我們只能捨近圖遠，趕在多雄拉山口封山之前，到大峽彎上段的入口先行翻越山口，然後抵達大峽彎的出口的希讓村附近，然後再溯江而上到大峽彎中段考察，從扎曲村附近沿迫龍藏布江的下游峽谷走出大峽彎。這條路線完全填補了前人考察留下的空白。

翻越多雄拉山口的起點，是在大峽彎上游進口附近的米林縣派村。

9月18日的清晨，我們全組一齊動手，把所有行裝裝上卡車的後廂，大家在行裝上坐成兩排。司機老李還帶了一位副手一起上路。車子駛出札木鎮，開始了考察雅魯藏布大峽彎的行程。川藏公路沿着迫龍藏布江河谷右側向下游延伸，來自北部念青唐古拉山地的多條泥石流溝不時爆發，掩埋或沖斷公路。因而公路雖然順直，但並不平坦。最難走的一段要算是古鄉泥石流溝了，這條泥石流溝像一匹放蕩不羈的野馬，每當上游山地暴雨或冰湖潰決，洪水便會把山谷冰川匯聚在谷底的泥沙和巨礫推出谷口，堆積成寬約 2 公里的扇形泥石流灘。要通過這一段沒有路面的川藏“公路”，卡車別無選擇地在亂石、巨礫、泥漿和坑窪不平的溝洫之間顛簸緩行，不時見有重載的車輛被石塊卡住或陷進泥坑而動彈不得。在雨季，古鄉泥石流活動頻繁，趕上泥石流爆發，會連車帶人沖進迫龍藏布江。

泥石流是一種破壞力強大的山地自然災害。沉積在山谷中的黏土和泥砂，雨季中被浸泡成黏稠的泥漿，浮力大增。洪水來臨時，泥漿裹攜着砂石、巨礫，形成一條無堅不摧的石龍一瀉而下。組成古鄉泥石流的物質，來源於冰川活動，所以稱為冰川泥石流。這種泥石流在青藏高原的東南部十分活躍。

我們順利越過古鄉泥流溝，心情放鬆了許多。前面不遠是迫龍藏布江最大的支流—— 易貢藏布江。就在我們剛剛駛進江上的大橋並向右轉的時候，車子突然偏離路面，向路基下的易貢藏布江衝去，我坐在車廂最後邊，根本來不及反應，正在本能地準備跳車的一瞬間，車子嘎然而止，車上的人被慣性推擁向前撲倒。等到大家從驚慌中平靜下來爬下卡車，只見卡車斜停在路基下，緊鄰的陡坡下面 7~8 米深處，便是湍急的江水。兩位司機嚇得面色煞白，驚魂未定，呆坐在駕駛室內。原來車子過橋右轉後，方向盤突然被卡死，駕車的副手司機眼看車子滑向河牀，緊急剎車都無補於事，幸好坐在旁邊的司機老李，連忙拉緊手制動煞車，才把車子停下來。後來發現，車子前軸右側的減震器脱落，卡住方向拉桿。而減震器的脱落，正是因為通過古鄉泥石流灘時，車子劇烈顛簸所致。

易貢藏布江匯入迫龍藏布江後直奔雅魯藏布大峽彎，流域內降雨量豐富，中、上游兩側連綿的雪峰下，一條條長大的山谷冰川的融水注入幹流。在幹流的下游，由於幾百年前的一次大塌方堵塞了河牀，形成一座碧波蕩漾的易貢湖，起着調蓄水量和調節氣候的作用，湖區周圍氣候溫潤，勝似江南，是西藏

迫龍藏布江遇險
車子剛剛過橋右轉，險些衝進江中，幸好在路基下剎住了。驚魂甫定，我們合力把車拉上路面。

難得的茶葉產地。

從遇險地點再次出發，我們順利通過經常發生山崩的支流東久河河谷。就在前一年，一次規模巨大的山崩，掩埋了正在公路上為公路改線而測量的九名測繪人員。現在的路面，是在山崩堆積物上用推土機堆出的臨時路面。沿東久河河谷，車子爬上了海拔 4,800 的舍集拉山口進入尼洋河谷，再跨越雅魯藏布江的米林大橋順江東去，到達我們進入大峽彎的出發點——米林縣的派村。

獨木輕舟渡大江

大峽彎以南的印度洋孟加拉灣，是中國西南季風的發祥地，每年六到九月是夏季季風盛行的季節，暖濕的孟加拉氣團北移，不斷沿大峽彎進入青藏高原的東南部，位於大峽彎中樞部位的南迦巴瓦峰首當其衝。氣團中的水蒸氣，受到峰體上部巨厚冰雪的冷卻作用，圍繞着峰體凝結成濃密的雲層，所以整個夏季，幾乎不可能見到峰頂。當地的藏族老鄉告訴我們，幾十年前曾經有個外國人，在這裏準備拍攝南迦巴瓦峰，結果等

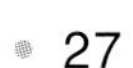

了三個月，始終沒有見到雲開霧散的一天。可想而知，要一睹南迦巴瓦峰的真面目是何等困難了。

然而天賜良緣，在我們到達派村的第二天（9月19日），陰霾的天氣竟突然放晴，被濃雲緊鎖的冰峰雪嶺露出了真面目，給我們觀賞南迦巴瓦峰雄姿一次難能可貴的機緣。

派村在雅魯藏布江的南岸，而觀賞南迦巴瓦峰最好的位置是在北岸，而當時到達對岸唯一的希望是找到渡船。在雅魯藏布江中游和拉薩河下游的寬河谷，河牀水勢平緩，當地藏族居民使用一種牛皮筏渡江或作短途的客貨運輸。牛皮筏是用生牛皮縫製，方形平底，長寬各約 1.5 米，中間用兩根木棒“十”字形對角支撐，一個人在陸上可以扛在肩上搬運，在水中就由一名槳手划動，中間可以坐三、四個人，十分方便。但是派村正當大峽彎的進口，江面寬度超過 200 米，水流湍急，水勢滔滔，輕薄的牛皮筏已不堪使用。得到區政府指引，我們在派村上游江邊的一棵大樹下，找到這裡唯一的一隻獨木舟。獨木舟看上去是用一截粗大的雲杉樹幹從中剖開，用它的一半挖空了木心做成的，長約 5 米，直徑有 1 米。我用懷疑的眼光打量這隻人類歷史上最原始的水上運輸工具，擔心它如何對付得了這條洶湧的大江，掌船的父子已在熱情地招呼我們，我懷着忐忑不安的心情上了船，同船的還有同組的四位隊友。

父子倆一前一後用木槳把獨木舟撐離岸邊，接着哼起小調有節奏地斜向逆流划行。愈靠近中流，水勢愈急，船身開始斜對下游漂去，到了流速最高的江心，船夫的小調變成一呼一應的號子，相互激勵，與洶湧的激流搏擊。這時的獨木舟，好像是一隻任人戲弄於股掌之間的玩偶，在驚濤駭浪中起伏跌宕，隨波逐流，打着旋地向下游衝去。我壓低了身軀坐在艙底，只覺得天旋地轉，上下翻簸，分不清船頭和船尾，左岸還是右岸，無助地抓緊船舷聽天由命。獨木舟好不容易渡過了江心，終於在遠離出發地有 1 公里之遙的對岸靠了岸。

離舟上岸，一眼便望見雄偉的南迦巴瓦峰毫無遮掩地袒露在我們面前，它那峭拔的主峰，猶如一座金字塔，挺立在喜馬拉雅山脈盡頭的群峰之巔，襯托着萬里晴空，分外宏麗壯觀。在那崢嶸的山岩上，披掛着皚皚的白雪，在雪線以下，蜿蜒的冰川伸入山谷，山腰間是一片翠綠的原始森林，山腳下的梯田裡，青稞、小麥已經黃熟。這幅景象彷彿出自一位童貞的聖潔畫筆，明快而又多變。截至 1970 年代，地球上幾乎所有海拔超過 8,000 米的高峰都留下了人類的足跡，但這座海拔 7,782 米的南迦巴瓦峰，卻直到 1990 年代中期，才由中日聯合登山隊成功登頂。

南迦巴瓦峰　終年冰封雪蓋的南迦巴瓦峰，海拔 7,782 米，是喜馬拉雅山系東段的最高峰。在大峽彎進口附近的山腰，森林密佈，山腳則阡陌縱橫。

小專題

世界大峽谷巡禮

十九世紀後期，美國探險家鮑威爾率領的探險隊，從美國西南部的科羅拉多大峽谷中走了出來，這個峽谷以1,740米的最大深度，被推崇為"世界上最雄偉的奇觀"。1930年代，人們在南美洲的秘魯，發現了穿越安弟斯山的科爾卡谷，從它鄰近的桑那尼加華峰到谷底，高差達到4,175米，這在當時被認為是超越科羅拉多大峽谷的世界最深的峽谷。

如果以峽谷的深度作為評價"世界上最雄偉峽谷"的一項大要標準，理應把眼光移向享有"世界屋脊"之稱的青藏高原。1973年初冬，中國科學院青藏高原綜合科學考察隊的一個小組，翻越喜馬拉雅山進入雅魯藏布江下游的馬蹄形大峽彎。這條峽彎從兩座海拔7,000米以上的雪峰之間穿越，再繞到其中喜馬拉雅山東端的南迦巴瓦峰，從海拔7,782米的峰頂到峽彎下段的谷底，高差竟達7,200米，造就了世界最為險峻的穹崖巨谷。

僅以峽谷的深度而言，能夠與雅魯藏布江大峽彎媲美的還不只一處。喜馬拉雅山是地球上最高大宏偉的山系，在它新近的隆升過程中，來自山脈以北的原始河流並沒有改變流向，而是不斷加大侵蝕力度切穿山體，形成一條條深邃的峽谷，雅魯藏布江大峽彎便是其中之一。

無獨有偶，在克什米爾的喜馬拉雅山西端，印度河繞到海拔

8,125米的南迦帕爾巴特峰，泄向印度河平原，高差也在7,000米上下，活脱雅魯藏布馬蹄形大峽彎的再現，只是乾旱的氣候和稀疏的植被與前者形成強烈的反差。

在尼泊爾境內，喜馬拉雅山有兩座比肩而立的雪峰競起，西面的道拉吉利峰海拔 8,127 米，東面的安娜普爾納峰海拔 8,091 米，夾持在兩峰之間，有條喀里根德格峽谷深度達到 6,967 米。

號稱“地球之巔”的珠穆朗瑪峰海拔 8,844.43 米，它與東面海拔 8,585 米的金城章嘉峰之間，源自喜馬拉雅山北坡的朋曲從中穿越，形成貫通中國和尼泊爾兩國的阿容峽谷。如果從珠峰峰頂算到谷底的最低點，高差竟在 8,000 米以上。

世界上的深大峽谷何其多？由於在地質結構、地理位置和氣候環境上的差別，它們在科學研究及旅遊上的價值和貢獻也就各有千秋。雅魯藏布江大峽彎，因循着歐亞大陸與南亞次大陸之間的深大斷裂輾轉延伸，地質學家們在被峽彎劈開的深變質岩中，搜尋兩塊大陸縫合拼接的證據；大峽彎處在喜馬拉雅山脈的最東端和緯度最低的位置上，近水樓台地接受孟加拉灣暖濕氣團帶來的豐沛降水和熱量，從白雪皚皚的峰頂到谷底，展示了一幅北半球最為完整的氣候——生物垂直帶譜，蘊含着豐富的生物多樣性和物種資源；雅魯藏布江是一條波瀾壯闊的大江，它的流量是青藏高原各大江河之冠，豐富的水量和極高的落差，構成了地球上最為集中的水能資源。這些無與倫比的優越條件，才是世界上真正意義上的最雄偉的奇觀，使雅魯藏布江大峽彎成為地質學家、地理學家、生物學家和氣候學家的伊甸園。

第五節　徒步翻越喜馬拉雅山

喜馬拉雅山脈是地球上最宏偉的山系，它北靠青藏高原，南臨印度河——恒河平原。它那連綿不絕的冰峰雪嶺，平地拔起6,000~7,000米，從西向東延綿2,400多公里。地球上有十三座海拔超過8,000米雪峰，喜馬拉雅山脈的中段就佔了十座。其中珠穆朗瑪峰更以8844.43米成為世界最高峰。從山脈的中段向東西兩翼，山勢逐漸低下，但到了東西兩端，卻又奇峰崛起。西端是海拔8,125米的南迦巴爾巴特峰，東端則是被雅魯藏布大峽彎繞行的南迦巴瓦峰，海拔7,782米。

居住在山脊兩側的居民，面對似乎不可攀越的冰雪長垣，找到了一些相對低矮的山口，在一年中有限的季節相互往來。喜馬拉雅山脈東段的南迦巴瓦峰附近有三座山口，可以從大峽彎的上游直達下游。其中多雄拉山口的直線距離最近，海拔高度又最低，在一年中可以通行的時間也最長。而更加重要的是，當時我們正研究以越嶺隧洞方式，把大峽彎上游的水直接引向下游，獲取巨大的落差，來開發大峽彎的水能資源。而翻越多雄拉山口的這條路線正好與建設巨型水電站的越嶺引水隧洞的走向基本一致，這就方便我們調查隧道開鑿的地質、地形和地下水的條件，因此是一條十分理想的考察路線。

大峽彎的門戶——派村

1973年9月18日，參加大峽彎水能考察組的一行共八人，聚集在喜馬拉雅山北麓米林縣的派村。

派村背山面水，海拔2,800米，是從多雄拉翻越喜馬拉雅山出入大峽彎的墨脱縣以及邊防前線的重要門户和人員、物資的集散中心。

而每年的九月中下旬，大峽彎雨季剛過，人員和馬匹要趕在大雪封山的季節來臨之前翻越山口，故此這時正是進入大峽彎的好時機。因此小小的派村，到處都是三五成群的民工和士兵，村裡村外揹簍、貨箱和馱馬隨處可見，一派熙熙攘攘的繁忙景象。

在藏語裡，多雄拉是"石頭山"的意思。山口海拔 4,200 米，由於面臨印度洋暖濕氣團向北進入青藏高原的要衝，一年中竟有九個月大雪封山，沒膝的深雪封蓋了道路，加上常有突發的雪崩，成為途人極大的威脅。就在當年五月，有五名士兵在多雄拉山口的一場雪崩中遇難。

雖然時值可以通行的七至九月，但是午後的山口經常狂風大作，飛砂走石，或者雲生霧起，大雨滂沱，因此當地政府囑咐我們，必須在下午兩點鐘以前通過山口，才能確保安全。

山脊上的遐想

9 月 21 日，晴空如洗，早上 9 點鐘，我們一行八人準備停當，隨同為我們揹運行裝的二十多位門巴族民工一起上路，沿着由村民、士兵開拓出來的林中小徑上山，開始考察大峽彎的第一天行程。在高海拔的條件下，一個上午要從江畔的派村，攀登上相對高差超過 1,300 米的多雄拉山口，這對初上高原的我，無疑是一個嚴峻的挑戰。開始的一段路並不很陡，在松林間緩緩延伸。到了海拔 3,300 米左右，出現了高大的雲杉和冷杉，一時令我想起兩天前搶渡雅魯藏布江時用的那條獨木舟，大概就是取材於這裡的吧？高程上升到與拉薩相當的海拔 3,600 米左右，也許是植被茂盛，空氣中氧氣成分較多的緣故吧，預料中的高山反應並不強烈，只覺稍有胸悶氣短。小路越來越陡，林木也由稀疏漸至消失，轉換為灌叢和草甸，颼颼的冷風陣陣襲來，前面快要到山口了。

我們走了四小時，終於在午後一點鐘左右登上了多雄拉山口。山口是一道橫切喜馬拉雅山脊的平緩凹槽，長約300~400米，山口左邊由堅硬的片岩組成森嚴峭壁直上雲霄，隨着雪崩滾落下來的石塊、岩屑，在崖腳堆積成一條倒石灘，背陰的山坡上積雪未化。迎着凜冽的寒風，我站在一塊巨石上，眺望遠方連綿不絕的崇山峻嶺，不禁浮想聯翩，登上青藏高原的第一天野外工作，竟然站在喜馬拉雅山的山脊之上！興奮和豪邁感油然而生，心裡盤算着未來穿越喜馬拉雅山的引水隧洞，將在我腳下1,000多米深的堅硬的片岩和片麻岩中通過，將會遇到一系列十分複雜的技術難題。

我們剛剛爬上山口，又累又餓，本想稍事休息，好好享受一下喜馬拉雅山之壯美。但眼看來自喜馬拉雅南坡低沉的濃雲正向山口撲來，分不清是雪片還是雨水，打在臉上又涼又濕，加上內衣汗濕，冷得牙關格格作響。大家顧不上填滿肚子，匆忙在山口上觀測和拍照後，便迎着夾雪的細雨急忙下山。

天下少有的氣候生物垂直分帶

從多雄拉山口還要用兩天半時間一路下行，落差3,500多米，才能到達大峽彎下段接近江邊谷底的馬尼翁，既漫長又難行，但同時也是解讀自然垂直帶的好機會。

上山容易下山難，山口以下的喜馬拉雅山南坡，是一級級由古冰川磨蝕而成的U字型坳谷。地面上佈滿冰雪，又被大風吹得坑坑窪窪，十分難走。我在一處坳谷的崖腳下，發現了一段青泉，潺潺的流水，匯合兩側崖頭上懸垂下來的飛瀑，形成一條溪流流向大峽彎下段的多雄河曲正從這裡發源。我測量了水溫，採集了水樣，記錄了周圍岩石的岩性和結構，趕忙追上已經遠去的同伴。

古冰川坳谷的西側，看似光裸的巉岩上，到處覆蓋着色澤斑駁的低等植物 —— 地衣和苔蘚。在它下方出現的高山草甸上，不知名的高山植物正在嚴寒和勁風中展示頑強的生命力。高山草甸以下，則是杜鵑為主，夾雜着柳和薔薇家族的高山灌叢，高的可及人，矮的有如匍匐在地。如果是暖季來臨，一片錦繡的高山花卉，為白雪皚皚的山峰圍上一圈色彩斑斕的花環。然而九月底高山上的暖季將盡，只能在想像中描繪盛花期漫山遍野絢麗的景象。如果說南迦巴瓦峰周圍的冰峰酷似南北極的極地氣候，那麼高山植物的領地，大致相當於南北極圈附近的寒帶氣候。

近晚時分，我們穿過稀疏的樺木和落葉松林，趕到拿格兵站，這是邊防部隊在多雄拉山口通行期間，為接待過往公職人員而設的臨時食宿站。由木板和帳篷搭就的簡易住所四面透風，凹凸不平的兩張木板牀併起來勉強可以擠下我們八個人。兩個守站的年青士兵，聽說我們從北京遠道而來，趕忙做好熱騰騰的飯菜招待我們。這個晚上，我們蓋上棉被再加上守站士兵為我們抱來的棉大衣才能入睡。

第二天，我們沿着多雄河繼續下行，目標是下一個宿營點汗密。途中我們一路觀察，採集岩石標本和水的樣本。河谷愈走愈深。河谷兩側的支溝谷口高懸在陡峭的崖壁上，溝水飛流直下上百米，猶如銀簾倒捲。在海拔3,800米以下，我們進入冷杉林。針葉顏色暗綠的冷杉高大挺拔，樹冠稠密，林下長滿了各種灌木。針葉顏色暗綠的冷杉和雲杉構成的暗針葉林，是歐亞大陸和北美大陸北方分佈很廣的森林類型。它們的出現，是進入寒溫帶氣候的標誌。

在冷杉林的下方，從海拔3,000米以下，是蒼勁的鐵杉林，它那平展低垂的枝條遮掩下，林內陰森潮濕。一種遍體通紅的杜鵑儼然大樹，高達七八米，枝幹虬曲扭怪，特別引起我的好奇，我從未見過這麼高大的杜鵑。鐵杉林以下，是多種落葉闊葉林的分佈地帶，顯然已進入暖溫帶氣候。

大約在海拔 2,400 米以下，闊葉林開始出現，在種類繁多的高大喬木中，我認出了珍貴的楠木和香樟，以及材質極硬的櫟木。林下燦爛的野薔薇盛開，翠綠的竹叢搖曳着修長的枝葉。忽然一股清香吸引了我，原來是野桂花。隨着海拔高度降低，天氣由涼變暖再轉為熱，清晨視為至寶的羽絨服早已成了累贅，現在身上衣服剝得只剩下一件單衣了，但仍然汗流浹背。這裡已經是亞熱帶氣候了。

從拿格兵站一天之內下行的高差有 2,000 多米，兩條腿已經不聽使喚了。黃昏時分，我們拖着疲憊的身軀，走進海拔 2,100 米的汗密兵站住下。汗密兵站算是一座比較正規的迎來送往的中轉站。一排石砌的房屋，木門雖已破爛，但因為毋須擋風遮寒，已經無關緊要。簡單的木板牀，樸素的軍用被褥，對於我們這些久經大自然風雨的人來説，已經夠好的了。兩天來嚴重的體力透支，靠這一夜安穩的睡眠，恢復了一大半。

勇闖“老虎咀”

我們一早從汗密兵站出發後，不久便離開深切的多雄河。狹窄的小路在陡峭的岩坡上千迴百轉，急速下降，尖利的石英片岩到處滲出泉水，腳下的泥水摻和了過往牲畜的糞便，變成混濁的泥漿，濕滑難行。當我們再度轉回多雄河河邊時，它已是一條波濤洶湧的大河了，“V”字型的峽谷，兩壁狀如刀削斧劈，道路僅僅是在陡壁上開鑿出來的一段段凹槽。有的地方要在崖壁上鑿出孔洞，橫插上木樁，再把木板或藤條捆在木樁上，架設成懸在多雄河面上的棧道。棧道的外側毫無依托，內側是參差不齊的岩壁，如刀似刃。行走在吱呀作響的棧道上，望着腳下奔騰的河水，令人頭暈目眩。從崖頭上滲出的泉水成排下滴，一道道水幕形成一段段名副其實的“水簾洞”，我從“水簾洞”中穿過，衣服被澆濕了一大半。水簾洞下的棧道，長年濕漉漉，長滿青苔，又險又滑，稍一不慎，就會失足成了江下亡魂，這就是遠近聞名的“老虎咀”了。

過“老虎咀”確實需要一些勇氣，據説每年都有一些馬匹在這裡失足落水。過了“老虎咀”，是一條傍山臨河的小路，路雖然還很窄，總以為平安無事了，我們放開步子往前走。從後面趕上來的一位士兵牽着一匹馱馬，出於好心，他主動讓我們把裝着岩石標本的沉重背囊放在馱馬上。沒想到剛走不遠，忽然身後嘩的一聲，我趕忙回頭望去，只見馱馬已失足栽進河裡，兩隻惶恐的眼睛在洶湧的波濤中閃動了一下便無影無蹤了，可惜我們剛放上去的岩石標本便成了牠的陪葬品。好在從派村到這裡，一路上岩石的類型變化不大，而且我的背包裡還

大峽彎下段的梯田　墨脱縣地東村，位於雅魯藏布江大峽彎的下段。那裡天氣濕熱，雨量充足，梯田疊置。

留了少量標本。

多雄河與阿尼河在“老虎咀”以下會合後，改稱白馬西里河，水勢更加洶湧。在1970年代，墨脱縣的臨時駐地馬尼翁就座落在白馬西里河匯入雅魯藏布江之前的右岸高台地上。這裡正是一派熱帶風光，山坡上開闢出農田菜地，房前屋後的香蕉、木瓜果實纍纍。碧綠的藤本植物纏繞在具有板狀根系的樹幹上。雖然已經到了九月底了，北京已是秋高氣爽，這裡依然酷熱難當。

回想這短短的兩三天之內，我們從海拔 4,200 米的多雄拉山口，一直走到海拔約近千米的馬尼翁，神話般從寒帶經過溫帶、亞熱帶走到了熱帶，讓我們逐一解讀春夏秋冬，真正感受到“一山有四季，十里不同天”的滋味！

西藏竟有熱帶雨林！

我們從希讓村返回馬尼翁，適逢國慶節的前夕，墨脫工作組組織了電影晚會，還送來了產自當地的一串香蕉，有 30 多斤重。這串香蕉本來準備作為特產委託當地民工背過多雄拉送往米林縣，但是香蕉已近成熟，不堪長途搬運，正好犒勞了我們，享用產自西藏的香蕉。馬尼翁海拔約 1,000 米，屬於熱帶氣候，周圍不僅種植香蕉，我還發現幾棵高大的野橙子樹。十月初，果實已經黃熟，我爬上樹摘下了幾隻請同伴們品嚐，橙子的味道酸澀，不過如果經過嫁接和改良品種，我相信會結出酸甜適度，品質優良的果實。

當我們從阿尼河歸來，稍事休整，又由馬尼翁出發，下行了大約 400 米才來到江邊的解放大橋。這是一座由兩組鋼纜懸吊起來的鋼索大橋，長約 230 米橋面鋪設木皮，它是大峽彎地區唯一的一座現代化交通設施。通過大橋，我們爬上對岸的江邊台地，走進名叫背崩的小村。由於地勢較為開闊，這裡還駐紮了一支邊防部隊。他們已經準備了由五位士兵組成的護衛小分隊，陪同我們沿江北上考察。邊防部隊難得見到外人，像過節一樣熱情地迎接我們。我們和士兵們一起吃大鍋飯、大鍋菜。一種產自當地的小辣椒，只一顆放在菜鍋內，就使一鍋菜辣得不得了。原來邊防部隊的士兵，大多來自喜歡辣味的四川，準備與我們同行的護衛小分隊的士兵也不例外。小分隊的康班長沉默寡言，黑紅的臉龐透着深沉和穩重，姚副班長是位個子不高的熱心人；士兵小彭在五人中個子最高，在後來的考察行動中，經常隨我攀爬陡崖或下闖深谷；小李愛説愛笑，對甚麼新鮮事都感興趣；小陳是剛入伍不久的新兵。四川人刻苦耐勞的秉性在全國是出了名的。在以後的日日夜夜，我們同甘共苦，同舟共濟，艱苦卓絕地走出了大峽彎。

第二天一早，我們從晨霧籠罩的部隊營房出發，開始了沿江北上的征程。在晨曦中，一條小路把我們引向樹影婆娑的密林深處，待到清風徐來，霧靄漸消，才發現我們置身於濃陰蔽日，萬木參天的熱帶雨林之中。雨林中的植被非常複雜，最高大的喬木是雨林的代表，枝葉茂密的樹冠，聚集在直指蒼穹的樹幹頂端，這些“林中大漢”們的高度，可達 30~40 米甚至 60~70 米，樹幹的底部，往往有放射的側根伸出，形狀扁平豎直，高出地面 2~3 米，從四面八方支撐着高大的樹幹。在它們之中一棵胸徑有 2 米的灰白色大樹吸引了我。由於它的樹幹通直，樹皮光滑，被當地門巴族人稱之為“薩拉辛”，意思是連猴子也爬不上去。後來植物學家告訴我，這是一種典型的熱帶大喬木。學名叫作小果紫薇。在大喬木的下層，生長着榕樹等身材中等的一大批喬木。在它們之中，有些樹木開花結果，不是在新生的枝條上，而是在老化了的粗大樹幹上，這是熱帶雨林中獨有的“老莖生花”現象。這些莖上花與垂掛或貼生在樹幹上、枝椏間的蘭花和蕨類等附生或寄生植物，共同組

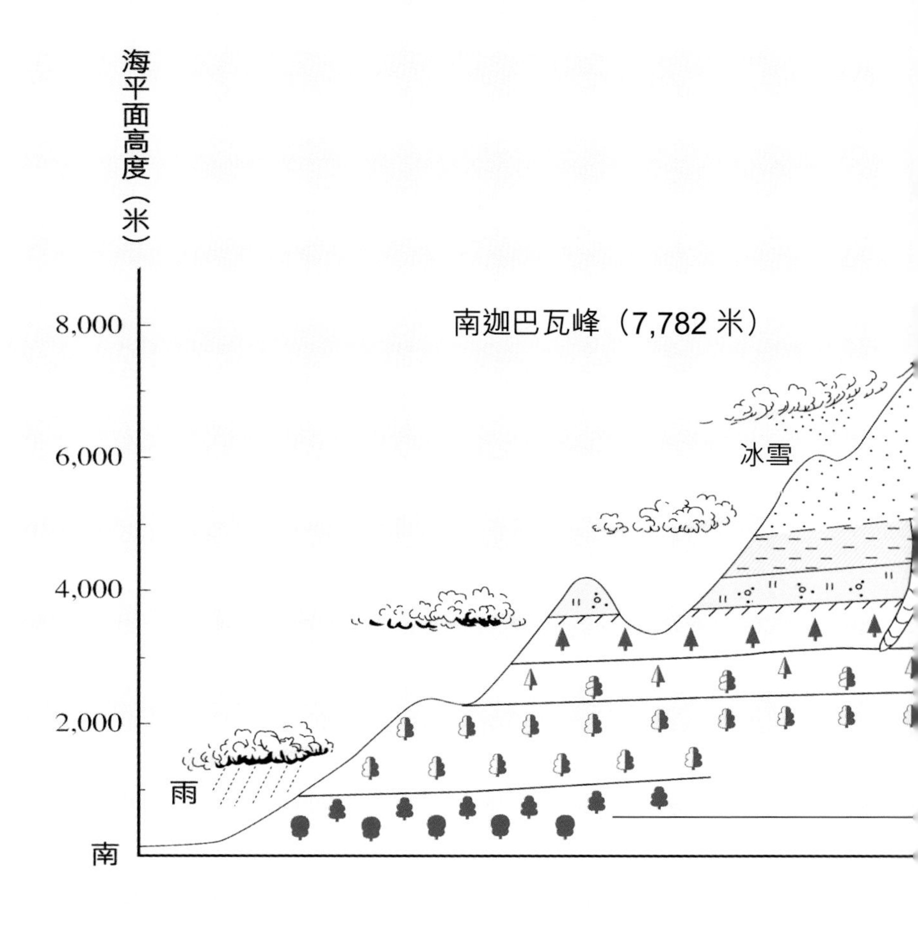

南迦巴瓦峰植被垂直分佈示意圖　展示在南迦巴瓦峰峰體上的氣候——生物垂直分佈帶譜，可以讓人在極短的距離內瀏覽到從北極圈經西伯利亞、中國大陸東部，到海南島的濕潤山地的各種氣候類型和生物帶。

A 高山風化帶： 高山風化帶多雨潮濕，每塊石頭上都長滿了地衣和苔蘚，引得科學家駐足研究。

B 高山灌叢草甸：山坡上美麗的高山杜鵑灌叢。

C 暗針葉林：喜馬拉雅山東段的水熱條件好，冷杉林內樹木高大、通直而稠密。

D 針闊葉混交林：由鐵杉和落葉濶葉樹組成的針闊混交林。

E 常綠闊葉林：稠密的常綠葉林，渾圓的樹冠是它的特徵。

F 熱帶雨林：是北半球最靠北的熱帶雨林。

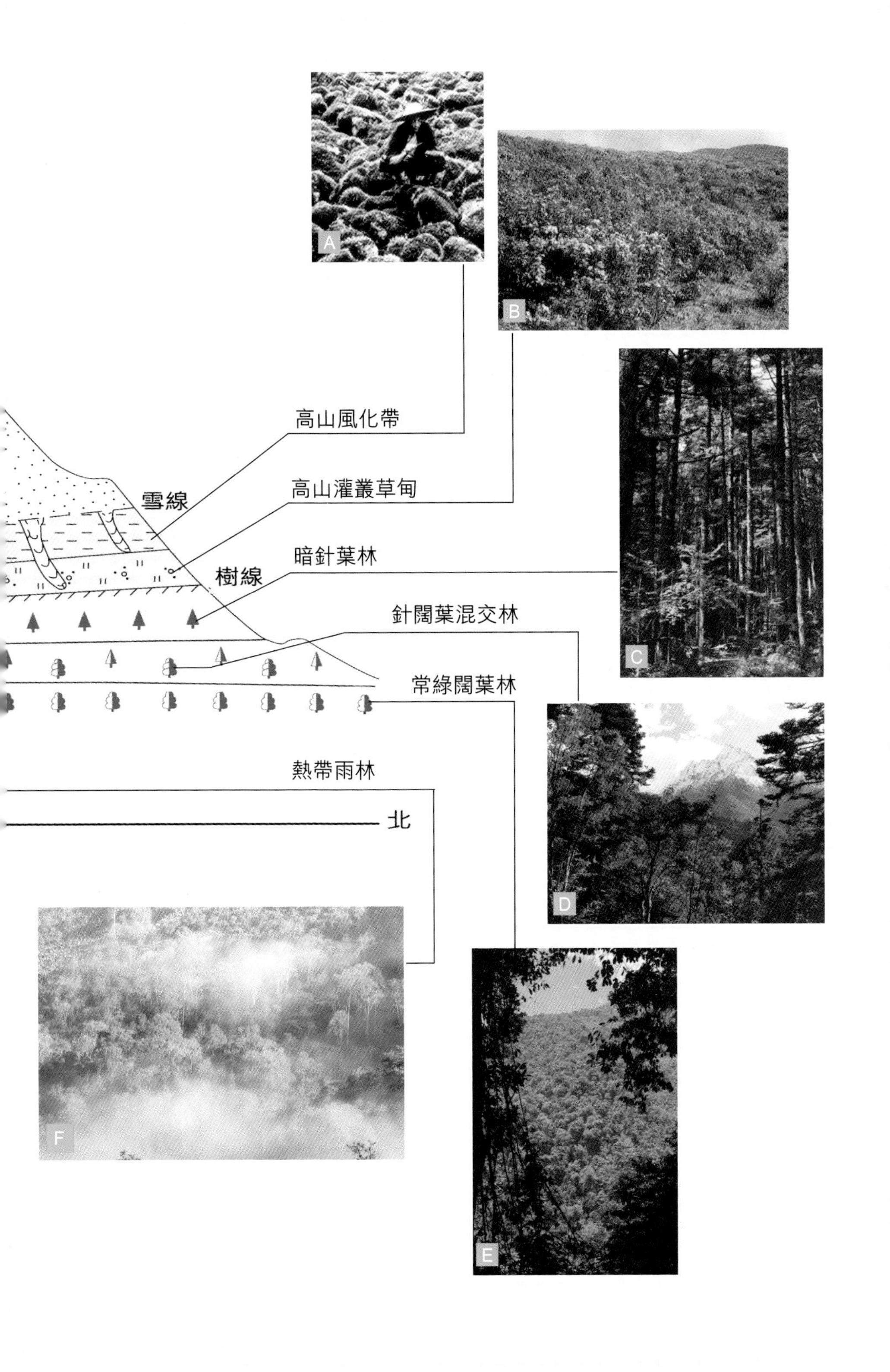

A
B
C
D
E
F
高山風化帶
高山灌叢草甸
暗針葉林
針闊葉混交林
常綠闊葉林
熱帶雨林
雪線
樹線
北

成了雨林中的空中花園。那些名目繁多的藤本植物，正在糾纏不清地爭奪一棵棵大樹。在小徑兩旁的多層喬木下面，是密集的灌木和草本植物。

熱帶雨林是地球上生物物種資源最豐富，生物生產能力最高的生態系統，它還具有淨化大氣，保護生態平衡的重要功能。熱帶雨林一般分佈在赤道兩側，不超過南北回歸線之間的範圍，而西藏墨脫縣的背崩村，海拔高程約800米，位於北緯29°15′，遠遠超過了熱帶植物正常分佈範圍。這是因為背崩村正處在印度洋孟加拉暖濕氣流沿大峽彎北上的通道上；大峽彎的北部，高聳的青藏高原又阻擋了來自北方的寒流；高原本身龐大的面積，吸收了大量的太陽輻射，使高原面上的氣溫，比同緯度孤立的山峰要提高許多。

第六節　門巴村落的奇聞軼事

為了調查未來引水隧洞的出口以及水電站廠房位置的地質、地形條件和幹流水文狀況，我們從馬尼翁出發，沿江而下，向門巴族聚居的地東村和希讓村進發。

造訪地東村

地東村處在高於江面100~200米的緩坡台地上，一層層的梯田種植着水稻，旱地生長着玉米和被當地人稱為曼加的雞爪穀。翠綠的竹叢和蕉葉掩映着一幢幢木樓。這就是我們行程中的第一座門巴族村落。我們沿着田間小路進村，全村的男女老少都出來歡迎。除了部隊的士兵以外，這裡很難見到從山外來的人，當地幹部熱情接待我們，把我們安頓在一間大會議室裡。晚上，請來村裡的三位長者為我們介紹這一帶的自然條件和民族風情。

村裡的民居全部是取材於當地的木質閣樓，用建築學家、考古學家的話，就是干欄式建築，流行於近水的地方，幾千年前長江下游的原始居民住的就是這種房子。大峽彎裡的門巴族、珞巴族住的也是這種建築。他們用四根高高的木柱，把房子架空，四壁用稍事加工的圓木壘成，地面鋪的是木板，屋頂蓋着樹皮或木板，門口有木梯通到地面，閣樓住人，下面養家畜。閣樓中間設有火塘，是合家燒飯、進餐、娛樂、休息和冬季取暖的地方。家中的藤、竹器具很多，最常用的是大大小小的藤揹簍，用竹篾編成有彩色圖案的飯盒，是十分精美的工藝品，主人家送了我一隻，我一直保存至今。村邊還有一排排較小的閣樓，是家家户户用作堆放糧食和工具的倉庫。高架的閣樓既可防鼠、防獸，又可防潮，閣樓下面的空間圈養牲畜。大峽彎中耕地很寶貴，這種建築格式節約了用地。

門巴人的家畜以豬、牛為主，雞是散養的，沒有雞舍，白天到處覓食。第二天下午出門時，我見到一位中年男子正提着弓箭，追趕一群飛跑的雞，只見他箭無虛發，箭到之處，一隻接着一隻雞應聲倒地，雖然門巴人擅長狩獵，箭法十分精準，但這場精彩的箭法表演一時還是讓我百思不得其解。傍晚我回到住處，見火塘邊堆放着四五隻被射死的雞，這才恍然大悟，原來白天所見的射雞表演，是生產隊為招待我們而派人捉雞。由於在大峽彎中生長的雞野性未泯，身體矯健，飛得高跑得快，到晚上才回到閣樓下面的木架子上，白天休想抓得到，所以白天要抓雞只有用弓箭。這種離奇的捉雞方式，真是匪夷所思。

門巴人的主食是大米和玉米，還有用石板烤製的蕎麥餅、雞爪穀，一部分玉米會用來釀酒，辣椒是最主要的蔬菜，也是少數可以運出山外用來交換日用品的商品。

地東村利用村邊的溪流建設了一座裝機容量僅為10瓩的小水電站，用特硬的櫟木做的水輪機，皮帶傳送帶動發電機，解決了全村的照明用電，這就是大峽彎中的第一座水電站。從大峽彎各支溝的水力條件來看，村村都可以建設小水電站。

希讓村裡話今昔

告別地東村，我們向下游的希讓村行進。從地東到希讓的路十分難走，不少地段要越過山崖崩塌形成的倒石堆；要爬上用藤條捆紮樹棍架在陡壁上類似老虎咀的棧道；還要通過搖搖盪盪的藤網橋。

希讓村靠近英國人在上世紀初非法劃定的中國和英屬印度之間的國境線 ── 麥克馬洪線。上世紀六十年代的中印邊境反擊戰中，中國軍隊從這裡打了出去，門巴族人紛紛揹運物資支援前線。軍隊後撤後，中國和印度約定在雙方軍隊實際控制的麥克馬洪線各向後撤退 20 公里，不設固定哨所，希讓村正位當其中，因而當時的希讓村還沒有建立政權，沒有村幹部給我們邀請村民做調查。村裡八十歲的澤登老人走的路最多，見識最廣，是全村最有威望的人，也是我們做調查依靠的對象。他長髯飄颯，精神矍鑠。我就是從他口中知道，門巴族的祖輩原居住在大峽彎以西的門隅一帶，一百多年前門隅發生大地震，才移居到這裡。他向我講述了1950年8月15日發生的大地震的情景。

希讓村所在的台地距江面高度要超過地東村。從希讓村下到雅魯藏布江邊，是一道四五十度的陡坡，垂直高度有300多米，漫坡是稠密的樹叢、藤葛和野芭蕉，兩名門巴族小夥子在前面用砍刀為我們砍路。江邊巨石纍纍，江面的海拔高程已降到580米，我們從喜馬拉雅山的多雄拉山口一路下來，足足下降了3,700多米。湍急的江水繞過對岸的山咀流向印度控制區。同行的警衛士兵告訴我：不久前對岸山咀上的山梁還有印軍入侵的哨所，在我方懲罰性打擊下已撤離。

在希讓村，幾乎家家養狗。我們離開前的那天晚上，剛吃過飯，忽然聽到外面一陣狗叫，中間還夾雜着"吱、吱"的豬叫聲，原來是一隻豬跑出豬圈拼命向村外逃，這時被一隻狗發現並叫了起來，於是全村的狗一齊回應，並追了出去，其中一隻咬着豬耳朵往回拽，其他的圍繞着豬狂叫，直到主人出來把豬趕回豬圈，全村才恢復平靜。我這才知道，門巴族人養的狗，既能看家護院，還有"牧豬"的本事。

揭示"麥克馬洪線"的真相

早在十九世紀中葉，英國佔領了印度阿薩姆地區之後，又在覬覦喜馬拉雅山南坡這片豐腴的土地，不時對西藏輸入軍備，策劃藏獨活動，入侵邊境等，企圖吞併西藏為英國的殖民地，他們曾多次派官員和軍隊侵入珞巴人居住的珞隅地區，但都被珞巴人利用險惡的地形，並以弓箭、長刀和竹籤擊退。1904年，英國發動第二次侵藏戰爭，佔據拉薩。面對邊疆危機，清政府派軍隊進入邊境，但英國藉口“中國威脅”，1910年英屬印度總督明托提出戰略邊境計劃，意圖將中印邊界的東段，從喜馬拉雅山脈南麓北移至山脊線。1911年春，英國駐印度的官員一行四十多人，更越過邊界進入珞隅地區調查。他們誣陷當地的珞巴人偷了他們的物資，揚言要嚴懲。但珞巴人是個路不拾遺，最講誠信的民族，他們不堪屈辱，一夜之間殺死了所有入侵的英國人。同年10月，中國爆發辛亥革命，英國趁混亂之機，派軍隊大舉入侵。由於力量懸殊，珞巴人最終失敗。從1911年底到1912年，英國又派出三支遠征軍越界勘察。

1913年10月，在印度西姆拉召開了討論西藏問題的中英藏三方會議，英方代表麥克馬洪在會議之外私會藏方代表，以五十萬發子彈和支持西藏“獨立”為誘餌，用秘密換文的方式，私下修改中印邊界。英國人原本希望透過這次會議，要求中國同意西藏分為內藏與外藏，內藏應有自主權，不屬於中國，只承認中國對外藏的主權。如果中國代表受壓力簽字同意，英國人就可以更無忌憚地把勢力伸進所謂“內藏”，進而把西藏變為英國殖民地。麥克馬洪在附於草約的地圖上，既畫出區分內外藏的界線，又在中印邊界線上做手腳，把中印東段邊界線向北推進了60英里，這條線就是麥克馬洪線，涉及西藏東南部的門隅、洛隅和察隅地區約90,000 平方公里的中國領土，相當於浙江省，那裡蘊藏着豐富的水能、礦產、森林和野生生物資源。把藏傳佛教六世達賴的故鄉門隅都劃成印度的領土。

中國代表拒絕簽署這條約，並聲明西藏是中國領土，地方政府無權獨自簽署對外條約，麥克馬洪線也因此是非法的。及後中國歷屆政府，從未承認這個條約和這條邊界線，後來連英國政府也不敢承認麥克馬洪線的合法性。直到 1938 年，英國趁中國抗日而無暇他顧的時候，篡改西拉姆會議的原始記錄，假造麥克馬洪線的內容，又在公開出版的地圖上，用“未經標定”的符號，畫出了麥克馬洪線，從此埋下了中印邊境上曠日持久的爭端。

小專題

大峽彎內的民族

地勢極險峻的大峽彎，是一幅雄奇卓絕的自然美景，又是一處與世隔絕的現代桃花源，深居其中墨脱縣居民，包括門巴、珞巴和藏族等，生活原始而純樸，是人類學家趨之若鶩的研究對象。

在藏語中，“門”是指“門隅”，“巴”是“人”的意思。門巴人祖居的門隅在東喜馬拉雅山的南坡，由門隅土著和藏族融合而成。門巴族有自己的語言，沒有文字，通行藏語，使用藏文和藏曆，多信奉藏傳佛教，六世達賴羅桑仁欽倉央加措便是門巴族，出生在門隅。大峽彎所在的墨脱縣舊稱“白馬崗”，是“隱藏着的蓮花”的意思，門巴族的先人嚮往這裡的富饒，從十八世紀初起，開始成批東移，他們先翻越喜馬拉雅山到達北坡，再順雅魯藏布江向東，然後從多雄拉和丹娘拉山口翻回喜馬拉雅山南坡進入大峽彎，當時他們有的是整村東移，在到達大峽彎後仍然保持原來的村名。西藏的門巴族大約有四萬多人，其中居住在大峽彎地區的約有六千人，他們主要分佈在大峽彎的下段，中、上段逐漸減少，過渡到珞巴族和藏族的聚居區。

傳説中珞巴人的祖先與藏族同宗，原居住在喜馬拉雅山脈以北的雅魯藏布江中游和尼洋河下游的河谷地區，後來遷移到喜馬拉雅山脈以南的珞隅地區。“珞巴”在藏語中意謂“南方人”，他們和門巴人一樣，有自己的語言、沒有文字，通行藏文和藏曆。

在上世紀五十年代以前，珞巴人的農業仍處於沒有固定耕地的“刀耕火種”時代。他們每年開墾土地時，先砍倒叢生的樹木和草灌，待枝葉乾枯便點火燒掉，然後用木鋤木楸翻地播種，主要種植玉米和雞爪穀。珞巴人的飲食酒飯摻半，用玉米和雞爪穀釀製的酒，是家家必備的飲料。另外，捕魚、狩獵、採集菌類和野果是珞巴人重要的生活來源。珞巴族男女都會捕魚，但狩獵則是男人的事。

珞巴人和門巴人既信仰有種種巫術的原始宗教，又崇信藏傳佛教，亦保留原始的生殖崇拜習俗。由於生活在自然條件險惡的深山峽谷中，使珞巴人和門巴人把繁衍視為頭等大事，因而無遮無掩地崇尚生殖力，無論田邊或寺廟附近，都豎立木刻的生殖器模型，外邊的人類學和社會學家，稱之為古老原始圖騰的“活化石”。

至於住在大峽彎上、中段的藏族，據説是西藏東部和四川西部中一部分被稱為康巴人的藏族，他們把南迦巴瓦峰一帶的大峽彎地區，視為女神多吉帕母的聖體，因此有許多虔誠的朝聖者被吸引過來。上世紀初，一批朝聖者舉家遷來墨脱，儘管當時清廷的川滇邊務大臣趙爾豐派人攔阻，但他們還是走進了這片“蓮花盛開的聖地”，從此生活在女神多吉帕母的懷抱中。

第七節　艱難險阻峽彎行

大峽彎中行路難

有道是“蜀道難，難於上青天”，說的是四川盆地四周環山，在古代，出川入蜀的通道大多是在高山峽谷之間開鑿出來的傍山臨谷的險道。然而比起雅魯藏布大峽彎來，這些蜀道只能算是“小巫見大巫”了。大峽彎周邊高山環伺，雪峰連綿，地震活動十分頻繁，加之年降水量高達 2,000 毫米以上，使它成為全中國山地災害最頻繁的地區，嚴重阻隔了大峽彎內外人員和物資的交往。進入大峽彎，除了從派村沿江進入大峽彎的上段，以及沿迫龍藏布江下游進入大峽彎的中段這兩條路線以外，只有翻越大峽彎內側的喜馬拉雅山或伯舒拉山的幾個山口。這些山口海拔 4,000~5,000 米，一年中有八九個月大雪封山，積雪、雪崩和寒凍威脅過往商旅的安全。在可以通行的三四個月期間又正值雨季，大雨時常引發山洪、泥石流和山崩阻斷道路。在1970年代，除了從派村經多雄拉山口到馬尼翁的道路可以勉強通行馱馬外，其餘的路線，物資出入都要靠人揹肩扛。

進出大峽彎困難，大峽彎內部的通行條件更加困難。由於幹、支流河谷急劇深切，河牀往往深陷在懸崖峭壁夾峙的嶂谷之中，特別是在大峽彎的腹心地區，更是立壁千仞，根本無法通行。峽谷上下的村莊聚落，一般都高踞於離江面 300~400 米的地勢高爽的谷肩、台地和緩坡上。而村寨與村寨之間，又被大大小小的支溝、急流分割，道路上下起伏，崎嶇難行，發生在峽谷中的山崩、岩堆和泥石流活動頻繁。為了交換生活必需品和建設物資，每年發生在旅途上的人畜傷亡事故屢見不鮮。生活在大峽彎中的各族居民，以鮮血和生命為代價，維持着最基本的生存狀態。

在 1980 年代，曾有人建議用木筏和充氣筏馱運物資，以大峽彎支流迫龍藏布江的下游為起點，利用河道向大峽彎內的居民和部隊漂送物資，並且進行過試漂。然而在大峽彎中，雅魯藏布江水急浪高，江中佈滿了巨石暗礁，試漂物資在中途便已失散在滾滾洪流之中。1990年代，日本探險家曾試圖在大峽彎進行漂流活動。當他們從迫龍藏布江下游出發，還沒有進入幹流，所乘的橡皮筏即已被巨浪掀翻，兩名探險家中，一人失蹤，另一人被沖至對岸，兩天後才獲救生還。

處於大峽彎地區的墨脱縣，一直沒有公路溝通。經過多年奮鬥，終於在 1993 年從波密縣的大興修建一條簡易公路，沿着金珠藏布江到達大峽彎下段的墨脱縣駐地。就在兩輛卡車和一部小越野車先後駛進這片神秘“孤島”的幾天之後，這條公路便毀於一場泥石流。至今墨脱縣仍然是中國唯一公路通不到的縣。世代生活在這裡的各族人民因地制宜，利用各種特殊的交通工具與外部世界溝通，也讓我們這批考察隊員嚐到了冒險的滋味。

在阿尼河的絕壁上

在我兩次深入大峽彎期間，不少驚險的行程至今難忘，阿尼河之行便是其中之一。

自從我們翻越多雄拉，沿着多雄曲一路下行，抵達阿尼河匯口的時候，已近黃昏，只見深邃的阿尼河河谷，水流又急又猛。來到馬尼翁以後我一直在思索，設想中未來穿越喜馬拉雅山引水隧洞可能要與阿尼河河谷交會，阿尼河的存在究竟會對隧洞的設計和施工帶來甚麼影響？於是我提議要深入阿尼河，調查河谷的地質、地貌和水文條件。過了國慶節，我們組的老何、老關和我，又從馬尼翁沿白馬西里河折返。當天我們入住阿尼河守橋部隊的營房。第二天，守橋部隊派出兩名士兵為我們帶路。開始探索阿尼河之行。想不到這條路比起"老虎咀"要危險得多，讓我們竟又在鬼門關前轉了一圈！

阿尼河是白馬西里河的一條重要支流，發源於南迦巴瓦峰南坡的幾處冰川。據士兵介紹：這條河冬季水小，當地門巴族居民可以沿着河牀到山上去狩獵。夏季融冰化雪，加上雨季豐沛的降水，河道水流量猛增，奔騰咆哮的急流漲滿了河灘，我們只能鑽入河谷右側谷坡上稠密的闊葉林中行進。時正七月，森林裡陰暗潮濕，腳下厚厚的一層枯枝敗葉可以踩出水來，林地上散發出黴腐的氣味，林內叢生的灌木交織成網，密不透風。

靠着兩名士兵用兩把砍刀在前面輪番砍路，開拓出僅夠彎腰低頭才能鑽得過去的空間，有的地方要四肢並用，匍匐前進，既要防備前面的人撥動的樹枝回彈到臉上，又要防備螞蝗，帶刺的荊棘刮破了衣服，刺傷了皮膚，一個上午，我們只前行了二三公里。坡度愈來愈陡，被螞蝗叮咬後滲出的血和汗水攪在一起，傷口隱隱作痛，艱苦的行程令人腰酸背痛，筋疲力盡。

時過中午，我們終於走出了樹叢，前面豁然開朗，原來我們已走到懸崖邊，一道一、二百米高的斷崖直插河底，狂暴的激流從急陡的河牀上傾瀉而下，在巨石間上下翻騰，左沖右突。斷崖腳下是一潭深淵，河水在迴旋打轉。矗立在我們面前的陡崖光滑平整，由石堅硬的石英片岩組成，平滑完整，寬約20 米。光溜溜的崖壁上，只有中腰露出一段參差不齊的裂隙，這就是我們通過懸崖唯一的"通道"！

打頭陣過懸崖的，是一位十八九歲生長在四川山區的年青士兵。我整好行裝緊跟其後，在毫無攀崖設備保護措施的情況下，徒手爬上岩壁。開始的一段還比較容易，兩隻腳緊扣在只有10厘米寬的裂隙，兩手交替地抓住可以摸到的石縫或者是生長在石縫中的灌木枝椏，一點點向前挪動。愈到中間，岩壁愈發光滑，石縫越來越少，兩隻手在岩壁上徒勞地摸索。

懸在岩壁上完全無助的我，下意識地朝下張望了一下：腳下 10 多米以下，碧藍的河水捲起層層漩渦，白色的浪花輪番撲打着崖壁。啊！原來我正身臨深淵！頓時腦袋嗡的一聲，只覺得一陣眩暈襲上頭來，四肢立刻感到發緊，時間彷彿停滯下來。就在這緊要的關頭，我連忙閉上眼睛，定了一下神，身體緊貼崖壁，心中默唸着四肢一定要“固定三點移動一點”的攀岩要領。後面有老何在鼓勁，前面有士兵指領，我開始緩緩地再向前移動，這真是我一生中最長最難熬的時刻！最後終於抓到前方斷崖邊緣上的一根樹幹，走完這段岩壁，翻上對面的山坡。剛一站穩，忽然山坡上的樹林裡一陣騷動，樹冠中的一大群猴子“吱、吱、呀、呀”地叫着一哄而散……原來，我們剛才走的是猴子路。

工作完畢之後順原路返回，第二次通過懸崖時就輕鬆了一些。這一去一回所經歷的心靈震動，以後任何時候回想起來仍會激動不已。

在大峽彎的考察過程中，我曾多次攀登陡崖，但這次徒手攀崖要算是最驚心動魄的一次。

雲中漫步

不是每次歷險都讓人提心吊膽，也有幾番極富詩意的旅程。

我們早上從墨脫縣老駐地以北的馬地村出發，雨一直下個不停，但是誰也不願穿上雨衣，因為在林中穿行，身穿雨衣不僅行動不便，而且悶熱難當。大家冒雨行軍，卻也興致昂然。下午天公放晴，沒想到身上衣服從上到下逐漸變乾，反遭螞蝗襲擾，大家只好加快速度，不敢稍事停留。黃昏時分又下起雨來，衣服濕了乾，乾了又濕，早已司空見慣。在雨中我們登上了雅魯藏布江幹流和金珠藏布江之間的一個埡口，準備宿營。

大峽彎山高坡陡，在密林叢中，要找到一塊能夠放下一頂長 1.9 米，寬 1.5 米的高山帳篷的平地或緩坡，都是一件相當困難的事，就在這片當地人認為比較平坦的地方，我們的冰鎬、砍刀和工兵鏟齊上，費了一個多小時，東一塊西一塊地勉強平整出剛夠擠下七頂帳篷的地方。雨中到處一片濕，點火做飯成了問題，幸好當地人在這裡的大石崖避雨過夜時，經常為後面的過路人儲備一些乾柴，這是門巴族人的好習慣。在嚮導高林的幫助下，我們做了好飯，烤乾了衣服，又用炭火熏烤濕柴準備明天用和為後人儲備。

第二天清晨，雨勢更大，濃雲密雨陣陣撲來，我們的營地籠罩在茫茫雲海之中。過午雲層才逐漸沉落，太陽鑽出了雲隙，耀眼的光芒投射在巍峨的雪峰和蒼茫的林海之上，晶瑩的雨珠掛滿了枝葉，在陽光下熠熠閃亮。腳下飄搖浮動的綿綿白雲在不斷變幻身影，時而湧現，時而消散，清新的空氣裡散發着樹脂的芳香。遠方深沉的谷底，隱見雅魯藏布江從北而南，被夾峙在兩堵高深的峭壁之中，金珠藏布江像是一條細長的飄帶，從東北方向匯入幹流。置身於這詩情畫意般的幻境裡，令人心曠神怡，精神為之一振。

從宿營地下行，沿着小路急轉而下，直達金珠藏布江邊。那裡有一座跨江的鋼索吊橋，是 1973 年上半年才修建起來的，據説第一條鋼繩是用迫擊炮打過江去，再慢慢用鋼繩拖過鋼索建起橋來。過了橋，爬上 300 多米高的陡坡，登上了埡口，展現在我們眼前的是高懸在峽谷絕壁上的一條平坦的馬道。這是 1972 年以來，在修建金珠藏布江的達波鋼索吊橋的同時，當地的門巴族居民在駐軍的協助下，硬是在堅實的絕壁上按照水平線，開鑿出一條可以通行馱馬的馬道來，從金珠藏布埡口經米巴村直到邦興村。而原來的老路，則輾轉在絕壁上方更高的山坡上，需要反反覆覆翻山越嶺。十幾天來，一路上爬山涉水，櫛風浴雨，如今能走在這樣平坦的馬道上，猶如漫步北京長安街。其實馬道僅約 80 厘米寬，沿着絕壁曲折延伸。峽谷以下雲蒸霧靄，雅魯藏布江被雲層緊鎖在深深的谷底，站在馬道上，隱約可聞江水奏響的轟鳴聲，心裡輕鬆坦然，飄飄欲仙，好像失足掉下去也會被綿綿的白雲托起。直到午後雲消霧散，奔流的雅魯藏布江在深邃的谷底顯現，才恍然大悟，看清原來我們臨危而立在高高的懸壁中腰，只要跨錯一步便會遺恨千古。

從邁步這雲中之路的險，可以遙想當年築路之艱，而如此艱險仍鑿路不輟，我感受到門巴人對改變自己生存狀態的強烈渴望。

峽谷中的雲海

墨脱的藤網橋

橋是路的延伸。大峽彎中行路難，跨越江河更是難上加難。在大峽彎的派村附近，我們還可以用獨木舟過雅魯藏布江，但在派村以下進入大峽彎，江水流急浪高，江中佈滿巨石暗礁，舟船根本無法通行。居住在大峽彎兩側的各族群眾，根據當地的地理環境和自然特徵，在十分困難的條件下，架設起藤索橋、藤溜索和鋼溜索，進行商貿、狩獵、宗教、探親、訪友等人員和物資交流活動。在 1970 年代，大峽彎的幹流下段，還保存着一條藤索橋和一條藤溜索，在幹流的中段和上段還有四五條鋼溜索，除了 1965 年興建在峽谷下段的鋼索吊橋以外，這些就是大峽彎中兩岸居民相互交往的工具。在我兩次進入大峽彎的考察期間，曾經多次依靠這些原始的交通方式，在洶湧澎湃的江面上凌空飛渡，那種驚險和刺激，以及蕩漾在藍天碧水之間的絕妙感覺，不是每個人都有機會享受到的。

其實大峽彎中的藤索橋有兩條，一條在地東村以下的支流白馬西路河上，海拔

藤網橋　我腰挎冰鎬，肩負背囊和水壺，正在跨越從地東村到希讓村路上的白馬西路河藤網橋。

約 700 米。另一條跨越幹流的藤索橋位於墨脱縣以下的亞讓村附近的江面上，海拔約 800 米，它連結着墨脱縣老駐地和對岸的德心鄉。

編造藤索橋的材料是省藤。生長在當地熱帶雨林中的省藤十分柔韌，是一種與棕櫚、椰樹有親屬關係的大藤本植物，它纏繞在高大喬木的樹幹上。1974 年，我們考察隊的植物學家武素功先生在考察墨脱時，曾在當地居民的幫助下，費了好大力氣，拉下一株完整的省藤，丈量結果，竟有 170 米長。

藤索橋的骨架，是兩股分列左右的藤索束，相距 70~80 厘米，每股藤索由七八根藤索集合成束。在這兩股藤索束的下方，各有十多條藤索按一定間隔縱列其間，由輕柔的藤條連結，編織成橫斷面為 U 字形的方格網，再用粗藤擰成的橢圓形藤圈，每隔一段固定一個，把藤網撐起。藤網的底部，縱向鋪上多根藤索，用細藤條穿織成寬僅 40 厘米的橋面。在橋面上，又有並排的四五根藤索鋪墊成一個腳面寬的踏腳線。遠遠望去，整個橋身像個彎曲下垂的橢圓形網狀走廊，懸垂在滔滔的江面上，所以叫藤網橋。墨脱的藤索橋全長 200 多米，大約用了四十多根藤索，每根藤索都是劈成兩半的粗藤條首尾相結而成，長達 200 多米。有人計算過架設一條 200 多米長的藤索橋，大約需要 3.6 噸重的省藤。

中國的熱帶地區有二十多種省藤，西藏的大峽彎中有其中的兩種，中國像海南島和雲南西雙版納地區，由於人為活動，老的省藤已被採伐殆盡，殘留的是一些幼小的植株，只有大峽彎地區的下段保留了原始的狀態，才能為編造藤索橋提供充分的原料。藤索橋的彈性很大，走在上面的人就像醉漢一樣左搖右晃，上下顛簸，震蕩的幅度很大，過橋的人必須兩手抓緊兩側的藤索束，順着它的起伏跳蕩隨時調整自己的步伐，一定要在橋身彈起時抬起腳來，橋身下落時順勢邁步，而且步伐要快，否則會加劇橋身的震蕩，使身體失衡。十多天前，我們在地東村以南通過白馬西路河的藤索橋時，同行的一名邊防士兵被跳蕩的橋身顛倒，一腳踩空，踏進旁邊的網眼裡，幸好被藤網托住，小士兵被嚇出一身冷汗。我有過走白馬西路藤網橋的經驗，有驚無險地跨過了濤濤的雅魯藏布江。

涉險藤溜索

大峽彎的藤溜索，架設在金珠藏布江匯合口以上的邦興區，更是一種撼人心魄的過江工具。

我們到達邦興區以後，我被對岸的溫泉和高達800米的崩塌倒石堆吸引，同時也拗不過爬藤溜索過雅魯藏布江的誘惑，這是唯一一次機會，決定挺身犯一次險。

從邦興區下到江邊，高差有300多米，只見100多米寬的江面上懸掛着長約200米的藤溜索。藤索是由八股劈成一半的省藤藤條合編在一起的，直徑有8厘米。藤索兩端捆綁在岸旁大木樁上，木樁牢牢地插進岩石縫裡，藤溜索靠岸的兩邊都套着一些直徑約50厘米的硬藤圈。過江的人要頭朝對岸背朝下鑽進藤圈，把藤圈托在腰部，再用兩根繩子分別兜住臀部和頭部，兩隻手抓住藤索交叉用力牽引身體前行，兩條腿盤在藤索上跟進。

我懷着難以抑制的興奮與好奇躍躍欲試，在當地老鄉的幫助下，我爬上藤索鑽進藤圈。對於我這個生平第一次爬溜索的人，他們格外細心，繩子綁了又綁，頭上多墊了一條細藤編成的帶子，他們還砍倒了一棵芭蕉，把滲出汁液的樹皮綁在藤圈的上部，起潤滑作用，以減少藤圈和藤索之間的摩擦。

開始過江了，頭一段是下坡，我緩緩地向前爬行，感覺比較輕鬆。到了中段，藤索受自重和人的重量作用，下垂到距江面只有3~4米的位置，湍急的江水捲起激浪朝我撲來。浪花飛濺到身上，似欲將我捲將下去！過了中段開始向上坡爬行，兩臂吃力地牽引身體向前。坡度越來越陡，遇到藤條打結的地方，還要一隻手抓住藤索用力騰起身來，再用另一隻手將藤圈挪了過去才能繼續前行。這次只花了二十來分鐘就到達對岸。

我在對岸測水溫、採水樣，又爬上倒石堆上方的岩坎觀察岩性、量產狀，忙得連飯都顧不上吃，一直到下午四時半才返回。回程比較吃力，在爬到最後上坡的一段時，一連歇了幾次。幸虧仗着年輕，一來一回算是過足了藤索的癮。回營地的路是一個大坡，到了邦興，已是筋疲力盡了。

比起藤索橋來，藤溜索的安全性是很差的，過江的人容易從藤圈裡滑出，藤索和藤圈的磨損、腐蝕，藤條之間結扣的鬆脫，都可能導致人身事故，因此當地的人經常要檢查和修補。

鋼索飛渡大峽彎

邦興以上熱帶雨林逐漸消失，缺少了架設藤溜索的材料來源，過江靠的是鋼溜索。在大峽彎中架設一條鋼溜索決不是一件容易的事，它不像架設藤溜索可以就地分散取材。一條200多米長的鋼索，需要集合一百多名壯勞動力，從可以通公路的地方翻山越嶺，一步一步地抬進來。

鋼溜索分平溜和陡溜兩種，平溜是固定在兩岸的溜索兩端，高度大致相近，鋼索向下懸垂的最低位置在溜索的中段，過江的人從一端下滑先利用慣性到達中段，中段以後逐漸向上，就要靠兩臂奮力攀援了。陡溜是鋼索的一端明顯高於另一端，鋼索向下懸垂的最低位置偏向對岸，過江的人從高端下滑可借着慣性穿過最低點，一般可接近對岸，甚至到達對岸。陡溜要比平溜省力，但在一個過渡口要架設兩條來去不同的索道。在1970年代，大峽彎中的鋼溜索一般都是平溜，只有在迫龍藏布匯入幹流處用的是兩條陡溜。

我們從加拉莎再向上游行進，需要通過位於大峽彎中段的甘代和魯古之間的鋼溜索，轉到峽谷的右岸。這條鋼溜索有200 米長，懸掛在兩岸高約 100 多米的崖壁上，一個由櫟木作成的中間凹下的彎曲木拐架在鋼纜上，鋼纜是用多股鋼絲繩擰成，直徑約 2.5 厘米。輪到我過江了，我的兩腳和雙肩分別用繩子套住，繫在木拐的兩端，木拐的凹部壓在鋼索上滑行，行進速度比藤索快多了，我有過兩次過藤索的經歷，在組裡算是老手了，我以全組最快的速度過了江。

我們組有三位體重超過 80 公斤的重量級組員，有的人還恐高，為保險起見，輪到他們過江，在鋼索上給每個人架了兩支木拐，而且把主動的“臥”式改為被動的“坐”式，兩手抱住木拐，由江對岸的民工用繩子像拖運貨物一樣拽了過去。

過溜索　我們組的大個子電影攝影師趙尚元正在過溜索。過江時身子懸在半空，距江面 100~200 米，可謂命懸一線。如果承重的木楞經風雨侵蝕，危險更是倍增。趙尚元是採用坐式，由江對岸的民工拽過江的。

侵蝕槽　江水推動匯集在江底的礫石（卵石），研磨刻蝕河成為一條條的溝槽。洪水消退，露出深藏在溝漕中磨蝕得滾圓的石球。江水強大的侵蝕力，可見一斑。

我們一行包括民工和士兵在內共三十多人，加上每個人的行裝和貨物，足足費時兩天才全部通過。

命懸一線測江流

鋼溜索是在大峽彎困難的交通條件下，用來過江的特殊交通工具。而我卻靈機一動，利用它導演了一回一生難忘的凌空懸垂測量江心流速的一幕。

在雅魯藏布江中段的八玉村一帶，是 1973 年我們在大峽彎內所見到流速最快的一段，記錄到這一流速值是很有價值的。但是為了測到真實的流速值，必須把作為標識物的大木塊拋擲到江中心的主流線上。但江中心主流線距岸 40~50 米遠，和我們同行的地貌專家楊逸疇，當年在南京大學是投擲標槍的冠軍，他的幾次奮力嘗試都沒有成功。正當我們一籌莫展的時候，我突然發現上游約 400 米有一條鋼溜索，這時靈機一動，趕忙騰空了背包，裝滿了大木塊，跑過去爬上溜索，到達江心。

我高懸在距離江面 20 多米的凌空，俯首一看，但見波瀾壯闊的洪流猶如一群暴烈不馴的野馬，飛鬃揚蹄奔來眼底，江面上巨浪排空，輪番抨擊着岸邊的巉岩絕壁和纍纍巨石，那山搖地動的巨響震耳欲聾。從巨浪的轟鳴中，隱隱分辨出巨礫在強大水流的推動下互相傾軋，翻滾前進和刻切河牀發出的沉沉低吼。所有這一切，匯合成一曲頌揚大自然偉大的交響樂，令人身心震顫。

在這喧囂的江流聲中，我和岸上已無法用語言溝通，只能按事先的約定，以揚手舉旗為信號，按順序投下木塊，岸上的同伴緊密配合測算流速。正在這時，兩名門巴族獵手從對岸趕來，大概是看到有人懸在鋼索上不進不退，以為出了甚麼問題。其中一位爬上溜索正要趕來幫忙，我連連向他揮手，示意請他退回。由於溜索逆向爬行是很困難的，木塊擲完後，我先趕緊爬到對岸，再掉過頭來爬了回去，這時我已累得動彈不得。全過程用了一個多小時，等於兩次跨越奔騰咆哮的雅魯藏布江。

這次測到的江水流速高達每秒鐘 16 米，是在兩年考察期間實測到的最大流速。

翻崖涉水進入無人區

從加拉村直到扎曲村的大峽彎上段，被南迦巴瓦和加拉白壘兩座雪峰緊緊夾峙，峽谷的下部多是深達數百米的絕壁，猶如刀削斧劈，直插谷底，地貌上稱為“嶂谷”，有屏障天日的意思。這段大峽彎中最險峻的峽谷，是真正的無人區。但在 1950 年以前，峽谷中的白馬狗熊有座遠近馳名的寺廟，每到旱季，來自上、下游的香客絡繹不絕，不辭辛勞地前來朝覲，時而還有獵户到那裡打獵，因此這段峽谷還有香客和獵户才能識別的小路。

1950 年的墨脱大地震，大峽彎地區山崩地裂，這一段峽谷的地貌嚴重變形，原有的小路和橋樑毀於一旦，白馬狗熊的廟宇也只剩下個屋基。到 1974 年我們在這段峽谷考察時，整個行程要不斷地攀懸崖，鑽樹叢和涉急流，走得非常艱難。

7 月 18 日，我們從加拉村出發，上午的時間用來測江流、谷寬和河道。中午過後，我們剛剛繞過一個山咀，就被臨江的一道陡崖擋住了去路。陡崖長約 30 米，我們和民工、士兵一行二十多人，在嚮導的帶領下依次攀上崖壁。當時考察隊攀崖根本沒有任何輔助的裝備。我們徒手摳住岩石的縫隙，小心翼翼地倒換手腳，緩慢前行，曲折的岩縫引導我們忽上忽下，腳下的江水轟然作響，令人心悸，浪花撲打在崖壁上和腳面上，只要一時失神，就會命喪江中。所有人員大約用了一個

在叢林中行進　南迦巴瓦峰的闊葉林終年籠罩在濃霧之中，在濃密的樹冠遮擋下，陽光難以穿透，因而地面上幽暗潮濕，長滿苔蘚，十分濕滑，再加上林內灌木和藤本植物密密叢叢，更叫人舉步維艱。

小時才安全通過，大家終於鬆一口氣。

三天之後，我們又在江邊遇上一道無法攀爬的絕壁。我們利用捆綁行李的繩子先爬上 10 多米高的絕壁，再順着陡坡爬到 100 多米高的崖頂。大峽彎地區植物生長的水分和熱量條件十分優越，崖頂茂密的森林和灌叢覆蓋谷坡，我們只能靠兩位民工的砍刀，在密不透風的灌叢中砍出一條只能彎身鑽過去的路。在這條絕壁的頂上，我們幾乎是匍匐地走了兩天，每天的行程不足 10 公里。

最令人難忘的是涉急流。來自雪峰的各條冰川，盛夏期間融水量大增，在陡傾的支流河谷中形成一連串的急流、跌水和瀑布匯入雅魯藏布江中。在越過江邊陡崖的第三天，我們被一條湍急的支流攔住。以往我在四川、貴州和內蒙古考察時，徒涉過不少河流，有的河流水深齊腰。遇到急流時，我們往往三五個人挽緊手臂組成人排，順着水流徒涉過河，但我從未見識

陡涉急流

考察隊員正撐冰鎬涉過洶湧的激流。只要一失足就會被水沖走喪命。

過如此洶湧的急流。這條急流之難以越逾，首先是由於河牀坡度過大，我們無法組成人排，每個人都只能孤軍作戰。我脱下鞋襪，挽起長褲，握緊從不離身的冰鎬下水。這一下又遭遇到另一道難關，冰雪融水不僅寒冷刺骨，還在佈滿礫石的河牀上奔騰，激起翻飛的浪花，越到中流，水流越急，只覺得被河水推擠的礫石不斷從腳面上翻過，又或擊打着腳踝。被踩動的礫石在急流中向下滑移，我越發感到站立不穩。在急流下方，緊接着一道跌水之後，便是雅魯藏布江了。我清楚意識到這個時刻絕對不能跌倒，否則不堪設想。我穩住了神，撐着冰鎬，才一步步地捱到了對岸。

在嘎札附近，我們又遇到一條瀑布下深切的支流，同行的民工用砍刀砍倒了幾棵六、七米高的樹幹，臨時紮繫在急流上成便橋，在橋的兩邊用兩條繩子繫成“欄杆”權當扶手。其實科考隊員都清楚那只是增強安全感的一種心理安慰，一旦失足，兩條繩子根本起不了甚麼作用。但科學工作者也是人， 一步一驚心地克服考察障礙時，還是不會拒絕小小的心理安慰的。

第八節　毒蛇和毒蟲的突襲

大峽彎處在青藏高原向恒河平原過渡的特殊地理位置上，各種濕潤的氣候類型和森林植被一應俱全，加以人口稀少，使它成為眾多南來北往野生動物的樂土。牠們與當地居民總體上保持天然和諧與共生的關係。然而為了拒敵、獵食和繁衍後代，牠們又不得不使用自身特有的防禦與攻擊武器，為生命的延續而鬥爭。我們在兩年的考察期間，曾經遇到過黑熊，經常見到猴群，聽説過孟加拉虎出沒，偶爾還可以看到斑羚和雉雞等。但是對我們人身直接侵害和威脅最大的，要算是旱螞蝗、毒蛇、野蜂和蜱等動物和昆蟲。

草莽劫賊旱螞蝗

旱螞蝗是蛭類動物家族中的一個分支，學名叫山蛭。這種由蚯蚓演化而來的小小黑色環節動物，在海拔 1,800 米以下的峽谷底部幾乎無所不在，牠們潛藏在草叢裡、枝葉上和岩石縫隙中，不時搖動着前後都長有吸盤的柔軟身體，靠着對發熱物體極敏感的熱敏功能，搜尋人和溫血動物的行蹤。牠們行動迅速，會很快爬上身來，甚至當人畜從樹下經過，牠們也能從枝葉上準確地落到你的身上，然後無孔不入地鑽進衣服，找到血管豐富的部位，用帶有齒狀上下顎的吸盤，緊緊地咬住皮膚，把含有麻醉和抗凝血作用的唾液分泌到傷口上，然後用上幾個小時吮吸血液，直到身體膨脹成球形，體重增加到數倍到十倍後，才滾落下來。據說螞蝗每吸一次血，竟可以一年不會餓死。

旱螞蝗的詭譎在於使人在不知不覺中受到侵襲。我最早遇到旱螞蝗是在 1973 年剛剛翻過喜馬拉雅山到達汗密兵站之前。幾條 2 厘米長的旱螞蝗正爬上我的鞋襪，沒等鑽進衣服就被我抓到了。但是在阿尼河的路上就沒有那麼幸運，我的肋下被旱螞蝗叮咬後一直滲血不止，這是我第一次被螞蝗叮咬，而飽食的螞蝗早已脱落，傷口卻在抗凝劑的作用下仍在不斷滲血。螞蝗就是這樣讓你用血為代價留下買路錢。在大峽彎中，居民飼養的耕牛都比較瘦弱，我們經常看到耕牛的肚子下面叮着一大溜正在吸血的螞蝗，叫人毛骨悚然。

其實我們對旱螞蝗早有防範措施，每個人都配備了軍隊用的高腰膠鞋，裡面穿着長筒布襪，外面再打上綁腿，但仍防不勝防，在旱螞蝗集中的地方我們不敢停，不敢坐，更不敢隨地方便。

旱螞蝗也不僅是害蟲，古代歐洲曾用一種醫蛭來給病人作放血治療。中國古代用竹筒把螞蝗放在皮膚上吸血，治療赤血丹腫。在第二次世界大戰中，蘇聯的醫藥物資極度缺乏，也曾有利用螞蝗吸吮傷兵創口上的膿血來醫治外傷。近代在斷指再植的外科手術後，曾用螞蝗消除血管接通後的血流堵塞。

儘管螞蝗在醫療上對人類作出過貢獻，但牠對人畜無孔不入的侵擾，牠那黏乎乎的身軀，以及不斷扭動變形的醜陋樣子，不免令人反感和厭惡。

奮戰銀環蛇

我在大峽灣中三次遭遇毒蛇都是在 1973 年。第一次是在進入大峽灣不久，我們離開地東村向下游的希讓村進發，當我爬上一處亂石堆時，忽然在我頭頂上方的石頭縫隙中鑽出一條蛇，揚着三角形扁平的腦袋，氣勢洶洶地向我吐出兩條信子，像是防範又像尋釁。其實我一向並不太害怕蛇，早於 1960 年代在貴州、雲南考察時經常遇到蛇，無論有毒無毒，我都可以一把抓住蛇尾巴倒提起來，使牠無從攻擊人，但是這次牠突然出現在咫尺之間，外形又酷似毒蛇，着實讓我毛骨悚然，緊張了一陣子。

第二次是在加拉莎以北，我們行進在一片竹叢中，當我正準備抓住前面的一束竹子向上攀登時，一條細長的竹葉青蛇正盤纏在前方的枝條上，一對綠色的小眼睛圓睜，我連忙縮回手。竹葉青蛇以纖細的身軀和酷似竹葉的迷彩，在竹叢中很難被人發現。我以前在貴州、四川都曾見過，知道牠是腹蛇的一種，毒液可以致命，所以從來不敢惹牠。

最驚險的一次要算是跨過金珠藏布江不久，我們在一條緩坡上魚貫而行，小路的兩旁的林灌和草叢潮濕而茂密，我像平常習慣了的那樣走最前面，陸續跟在身後的是武警士兵小陳和副班長小姚。忽然聽見小姚大聲驚呼：“蛇，蛇……”，我猛一回頭，只見小陳身後一條1米多長的蛇緊追不捨，張開長有兩顆毒牙的大嘴，朝着小陳的腳後跟和腿肚子不停地咬着，小陳聞聲連忙跳開，然而這條蛇並不逃走，毫不示弱地搖晃着小而扁的頭，像是在選擇下一個攻擊的目標。

我趕緊舉起冰鎬向牠砍去，冰鎬的利刃戳在蛇的上半身，受傷的蛇被激怒，不停地扭動着身軀，企圖爬到冰鎬柄上來，最後還是康班長跑過來一槍托打在蛇頭上，才算結束了這場戰鬥。

攻擊小陳的蛇全身光滑，有黑白相間的橫紋，應該是條銀環蛇，牠的毒牙分泌劇毒的神經性毒液，可以令人呼吸麻痺，在幾小時內致命。文革前我們在西南各省做野外考察時，都要帶上一種叫"季德勝"的蛇藥以防萬一，這次也不例外。這種可以外敷又可以內服的蛇藥據說只能緩解症狀，並不能根治，特別是難以對付毒性很大的神經性蛇毒。然而從我們所在的峽谷深處，翻越最近的多熱拉山口走出大峽彎，到達有醫療設施的波密縣，正常人也至少要四天，何況 1970 年代西藏縣級醫療條件十分有限。所幸是小陳有厚厚的高腰膠鞋、布襪和綁腿保護，否則只有束手待斃了。這是我第一次目睹毒蛇主動進攻人，自此以後我的膽子好像變小了，再也不敢輕易信手抓蛇了。

過去我在中國西南地區考察時，聽當地人講"蛇總是咬第二個人"。經過這次遭遇，使我確信這句經驗之談。當時我第一個走過去，可能驚動了蛇，當牠警覺起來並投入進攻時，正趕上走在第二位的士兵小陳。

蜱的偷襲

1974 年我們從派村深入大峽彎大約一週以後，在江邊的一塊高台地上宿營。一天來爬山涉水鑽樹叢的勞頓，促使我天一黑便準備就寢。就在我準備脫去襯衣的時候，偶然摸到有個很硬的東西叮在我的小腹部，在手電光下，我看見一隻約 6~7 毫米，灰褐色長有硬甲的小蟲，用牠頭部兩隻尖銳的硬鉗，牢牢鉗入我腹部的皮下，忽然我意識到這可能就是早年我在內蒙古考察時，曾經聽說過的所謂“草爬子”，一種可惡的吸血昆蟲。如果這時我貿然的將牠拔出，可能使牠身首分家，留在皮下的頭部由於攜帶細菌，很容易併發炎症和化膿，我只得小心翼翼地用小刀把兩隻硬鉗慢慢地拔出來。

草爬子正名叫“蜱”，是一種專門吸血的節肢動物，長有八隻腳，全世界有十二個種，可以從赤道一直分佈到北極圈。牠們靠對二氧化碳和丁酸氣味有特殊敏感的功能，來尋找人和溫血動物，而且會很快附上身去。蜱的寄主有人、家畜、家禽、鹿、犬、鼠甚至鳥類等，牠們的分泌物也像螞蝗一樣，有麻痹和抗血凝作用，使寄主在毫無察覺的情況下吸吮血液達數天之久。蜱能攜帶傳播十多種疾病的細菌、病毒和原蟲等，有些蜱的唾液中含有神經毒素，重者能導致心臟和呼吸中樞麻痺而死，因此牠們是十分危險的寄生吸血動物。

野蜂群的圍攻

大峽灣中有很多野蜂，牠們經常在避風擋雨的陡崖岩簷下築巢。我在 1973 年翻越喜馬拉雅山的行程中，曾經見過一個半米多高的長橢圓形大蜂巢，懸垂在高高的崖簷下，幾百隻野蜂忙忙碌碌地進進出出，經營着牠們社會性很強的集體生活。

1974 年，我們在大峽彎的上段考察，準備在一處名叫“巴松”的地方安頓下來，這是雅魯藏布江右岸的一片高階地，旁邊的一條支流從陡崖上奔流而下，形成高 20~30 米的瀑布，風景十分怡人。大家正在忙於支帳篷，同行的老鮑一時內急，跑到陡崖邊找地方方便，不知因為甚麼惹惱了一群野蜂，不一會工夫，只見他跌跌撞撞地往回跑，邊跑邊喊：“有野蜂，我被螫了……”這時額頭上已經起了幾個腫包。頃刻間，一大群野蜂跟着他身後，闖進了還沒收拾停當的營地，一下子擴大了攻擊面，逢人便螫，面對這突如其來的情況，大家一時不知所措，有的連拍帶打，有的抱頭亂竄，有的抓起衣服遮擋，有的一頭鑽進還沒支好的帳篷，結果拽倒了帳篷被捂在裡面，有的顧得了頭顧不了尾，隔着衣服還是被螫了，一時間捉襟見肘，人仰馬翻，營地上一片混亂，好多人的臉上、身上和脖子上頓時起了腫包。

這時一個奇跡發生了，站在一旁的我毫無遮蔽，望着眼前混亂的場面笑得前仰後合，但這群野蜂對我居然不感興趣。在這場混戰中，除我之外無人倖免。然而至今我一直在思索，為何野蜂唯獨對我如此偏愛？

在這次野蜂的攻擊中，我一直站在一旁沒有動，而野蜂專門攻擊移動的目標，回想起來，恐怕這就是唯獨我能倖免於難的原因。

野蜂也有胡蜂和蜜蜂的區別，胡蜂的身體較為瘦長，身上黑白相間的環紋十分明顯，我們這次遇到的野蜂應該是胡蜂。胡蜂中的雌蜂司職築巢、採食和育幼，尾部伸出可以分泌毒液的螫針，用來防禦和掠食昆蟲。胡蜂和蜜蜂最大的不同在於蜜蜂螫針的尖端有倒鈎，螫入對方後螫針不能拔出，失去螫針的蜜蜂不久就會死亡。胡蜂的螫針沒有倒鈎，可以多次使用，可能因此使牠們在進攻時更加有恃無恐。胡蜂的毒液毒性大於蜜蜂，過量中毒可以使人致殘或致命。胡蜂在出擊時，會用翅膀的振動發出聲波，召集和引導其他胡蜂投入進攻。

第九節　峽谷中的災變

大峽彎地區多發的地震、陡峭的地形、破碎的岩石結構、頻繁的冰雪活動和強烈的流水侵蝕，都是爆發多種山地災變的溫牀，使它成為全國山地災變類型最多、頻度最高的區域之一。

談虎色變的墨脫大地震

大峽彎正處在印度板塊和歐亞板塊鑲嵌交接縫合帶的東北端，雄偉的馬蹄形大峽彎正是沿着這條縫合帶發育而成。印度板塊至今仍在持續向北推擠，縫合帶附近能量集中，地殼很不穩定，經常引發地震。

1950 年 8 月 15 日晚上 10 時 9 分，大峽彎發生了 8.6 級特大地震，根據當時地震台網測報，認為震中在察隅的西南，定名為"察隅地震"。中國具有地震記載約三千年來，震級超過 8 級的大地震共有十七次，而超過 8.5 級的特大地震只有三次。至於 2004 年底造成印度洋海嘯巨大災難的印尼大地震，震級則是 9 級。

發生在深山峽谷中的強烈地震對水利工程的危害極大，不僅能摧毀水工建築物，還可能引發一系列山地災害，直接或間接威脅工程的建設和運行。為了評估大地震對地面的破壞程度，對未來大峽彎巨大水能資源開發可能帶來的影響，以及開發方式的選擇，防震措施的制訂，我在兩次進入大峽彎期間，除了實地調查外，還先後做了十三次座談訪問，受訪者共二十三人。

發生地震的那天當晚，人們剛剛吃過晚飯，有的人已經進入夢鄉。突然從遠方傳來隆隆聲響，緊接着地動山搖，大地震給墨脫大峽彎中各族居民帶來一場空前浩劫。就在這一瞬間，峽谷上下所有木結構和石木結構的民宅、寺廟和公用設施悉數倒塌；地震引起了廣泛的山崩和滑坡，耶東、格林等四個村莊隨着山崩體滑入江中或被山石掩埋；雅魯藏布江幹流至少有三處被倒塌的山體攔腰截斷；從兩側崖壁上崩落的巨石像洪流一般沖了下來，一路上翻滾騰躍相互撞擊，山坡上電光石火迸發，摧毀了房屋、道路、田地、人畜和成片的原始森林；山體上出現了1~2米長，數十至數百米寬的地裂縫，整個峽谷籠罩在昏暗的煙霧之中。儘管大峽彎中人口稀少，但死亡的人數仍有上千，死絕户近百，死絕的村有五、六個。地震當天有許多群眾正為三大領主出烏拉差，晚上歇在岩洞裡或陡崖下，所以死者以被砸死的最多。二十多年後在我調查時，這些劫後餘生的門巴族、藏族老人，依然"談虎色變"。

這次特大地震還引發了兩座雪峰產生大規模雪崩和冰崩。南迦巴瓦峰坡的則隆弄冰川下段冰舌突然崩落，冰體加上崩雪，翻越過一段小丘後掩埋了大峽彎進口處不遠的直白村，全村一百多人死於非命，只有一位正在水磨房磨糌粑的婦女被推到磨盤下，在冰雪窖中靠融水和糌粑堅持了十九天，待到冰消雪化，才僥倖獲救。

這場特大地震的波及面十分廣泛，遠離震中區域的日喀則、印度的加爾各答以及緬甸的仰光都有震感，拉薩市布達拉宮的牆體也出現裂縫。

在這次地震後餘震頻繁，持續時間達一年之久，震級超過4.7 級的餘震有八十多次，最高的達到6.3 級。

其實這次特大地震的前兆十分明顯，在大地震發生前的一年中，5 至 6 級的前震有兩次，其中的一次震中就在大峽彎中的邦興；敏感的動物和家畜則在一年前就出現了異常反應，例如老鼠紛紛出洞為害莊稼，而且死鼠特別多；在大峽彎進口處的格嘎一帶，成群的黑熊結伴下山，他們嘶叫打鬧，偷襲家畜，格嘎村的家畜差不多被咬光；那一年公雞叫得特兇，有的人乾脆把雞殺了丢在水中；在 8 月 15 日臨震前的幾天更是雞鳴狗吠，騷動不寧。

比起大峽彎地區，察隅河谷地面破壞程度顯然有所不及，震中的位置應當更靠近大峽彎地區，在我們考察之後，我國地震部門已將這次地震更名為"墨脱地震"。

崩塌倒石堆與泥石流

大峽彎地區是地震的多發區，這次墨脱特大地震遺留在地面上最大的特徵，就是分佈在峽彎兩側的崩塌倒石堆和崩塌泥石流。倒石堆像是一條乾石河，滿載岩屑、碎石和巨礫的槽谷刻入基岩，從高高的崖頭上順谷坡斜臥在長大的山體上，規模大的有數百米到上千米。一旦源頭上的危崖峭壁發生崩塌，或者在地震、暴雨以及午間曝曬所產生的膨應力的作用下，都有可能觸發槽谷中的砂石滑動，甚至產生連鎖反應，演變成一場勢不可擋的巨石洪流，一瀉千丈，潰入河牀，時有堵截江流的情況發生。

規模最大的崩塌泥石流發生在大峽彎下段的背崩村附近。1973 年夏天，背崩村上的一處石崖在暴雨中潰垮，崩落的巨石推動下游溝槽中的泥水石塊匯合成一股上萬噸的泥石流，沖向雅魯藏布江，一舉截斷了徑流達每秒一萬立方米的江流，持續一天之久，第二天江水漫堤，沖垮堤壩形成洪峰，險些將下游的解放大吊橋沖走。

我們曾多次涉險通過倒石堆或泥石流溝，為了調查發生崖崩的岩石性狀，我還兩次沿倒石堆攀登到危機四伏的崖頭。陡峭的倒石堆就是一個溜石坡，坡上的岩屑石塊處於重力的臨界狀態，隨時都會掉落，所以舉步維艱，每走一步都要小心翼翼。1973 年，我們從阿斯登向達波進發的路上，必須穿越一處倒石堆。這處倒石堆從高達上千米的崖頭直插江底，寬有 50~60 米，石槽中滿載灰白色的絹雲母石英岩為主的岩屑和巨礫。為了防止重量集中，我們採取散兵陣形前進，不料上邊的一個人踩滑，蹬下的一串石頭從老關身旁滾下，其中一塊小石頭砸在老鄭的背上，老鄭躲避時又踩動了腳下的岩屑形成一陣石雨朝我撲來，我急忙趕上一步躲在一塊大石岩的背後，幸虧只有一個小石塊擊中我的肩部。

崩塌倒石堆和泥石流源源不斷地向雅魯藏布江幹支流傾瀉着大量泥砂、岩屑、巨礫，是形成大峽灣異乎尋常的固體徑流的溫牀。倒石堆和泥石流可能阻塞水道，填滿水庫，掩埋水工建築物和電力設施，嚴重制約了以堤壩形式開發大峽灣水能資源方案的實施。

騷動不安的則隆弄冰川

地震、泥石流和倒石堆，固然是大峽谷中的災難之源，而看似凝固不動的冰川，在地震等內外因素的誘導下，會忽然變成一條條巨龍衝出谷口，對大峽彎的人畜財產，以及日後要建設的水能開發工程有極大威脅，因此我們有必要仔細考察。

1974 年九月中旬，我們重新組建的大峽彎水能組，再一次集結在派村，準備沿雅魯藏布江而下，考察大峽谷的上段。九月十二日，我們沿雅魯藏布江右岸寬緩的沖積台地，來到格嘎村。當晚我們請了村裡的藏族居民來，五十五歲的次真多傑憶述了 1950 年大地震時附近村莊受災的情況，其中最引起我注意的，就是掩埋了江畔直白村的則隆弄溝冰雪崩潰，因此我決定明天去那裡查訪一下。

第二天一早，我們前行 2 公里來到則隆弄溝溝口，只見歷次從溝裡沖出來的泥石流，在雅魯藏布江右岸堆積出一大片扇形亂石灘，它的尾端填進雅魯藏布江，堵塞了半截河牀，江水受到壅抬，形成寬敞的緩流。我們循溝而上，則隆弄溝是一條寬大的“U”型冰川谷，谷底堆滿了砂石巨礫，厚達一二百米，現代冰水洪流，又在堆積物中沖開一條谷坡壁立的谷中谷。大約進溝1公里多，我們被一堵高達五六十米的“高牆”擋住了去路，“高牆”的中間，露出灰藍色的冰體，冰體的正中央，有個寬約 25 米、高約 15 米的弧形冰洞，活像一座碩大的城門。原來這堵“高牆”正是則隆弄冰川的冰舌末端。冰舌的融水匯集在冰洞，奔流而出，在洞口形成一道聲勢浩大的瀑布，正是則隆弄溝的水源。

從冰舌末端看到，冰體的四周被泥砂、礫石包裹，其中頂部的砂礫石夾雜着冰屑不時墜下，發出唰唰的聲響。那些巨大的冰漂礫，有的已經突出於冰舌的前緣搖搖欲墜，隨時可能崩落，那種危急狀況使你不敢在冰舌末端駐足。我從谷坡右側爬上冰舌的頂端，放眼望去，冰舌上密密麻麻的亂石漂礫，把冰面遮蓋得嚴嚴實實，這些亂石堆上，甚至長出雜草和灌叢。初次踏足冰舌，如果不是看到冰舌末端的冰體和冰洞，很難想像腳下是一條緩緩下移的冰舌。我沿着崎嶇的亂石堆上行不久，冰舌上出現一個直徑四五米的漏斗狀陷穴，沿陷穴的邊緣，可以看到亂石砂礫覆蓋下的冰層。陷穴直通冰舌中的冰洞，可以聽到冰洞裡的暗河在呼呼作響，好像一座水磨坊。在歐洲的阿爾卑斯山區，這種現象被形象地稱作"冰磨坊"。這樣的"冰磨坊"沿着冰舌往上還有好幾個。

則隆弄冰川是南迦巴瓦峰西坡最長的山谷冰川，長達 10 公里的冰舌蜿蜒而下，在峰體的岩牀上，刨蝕出深深的"U"字型槽谷，陡峭的兩側谷坡，不斷發生雪崩和崖崩，把大量岩屑石塊堆積在冰舌上。因此冰舌又像一條巨大的傳送帶，把厚重的堆積物，源源不斷地輸向下游。

1950 年 8 月 15 日，大峽彎地區發生 8.6 級強烈地震，則隆弄冰川的下段冰舌，在地震中斷成五段急促下滑，最前面的一段冰舌沖出溝口，盪平了江邊的直白村後躍入江中並撞向對岸，而滯留在水中的冰舌築起一道冰壩阻塞江水抬升水位，在冰舌的上游壅水成湖。一天後冰壩潰決，下游出現猛烈的洪水直抵印度。在我們考察時，這段冰舌消融後留在直白村和江對岸的冰磧物依然清晰可見。這種躍動的冰川在國內極為少見。1968 年則隆弄冰川再一次躍動，斷掉的冰舌再次下滑躍入江中堵塞了江流。

冰川的活躍性與它的形成環境有很密切的關係。由於印度洋孟加拉灣的暖濕氣團北上青藏高原的東南部，為南迦巴瓦峰和加拉白壘峰送來大量水氣，使那裡的降雪量為青藏高原群峰之冠，兩大峰體終年積雪的封蓋面積超過400平方公里，成為北半球中、低緯度冰雪活動最活躍的地區。

從峰體上延伸而下的數十條冰川，由於冰雪的補給豐沛，又受到海洋性暖濕氣候影響，冰體溫度接近0℃，所以叫做“海洋性冰川”或“暖性冰川”。這種冰川的下移速度比一般冰川要快，以致冰舌來不及消融便下伸到海拔很低的地方，出現冰舌與青葱翠綠的森林和竹叢共存的大自然奇觀。則隆弄冰川的冰舌末端延伸到海拔3,000米左右的暖溫帶；而加拉白壘峰以東的多傑矣鐘冰川的冰舌，更下伸到海拔2,500米的北亞熱帶莽莽森林之中。

而兩座雪峰的雪崩活動更為頻繁和猛烈。1974年我們在大峽彎上段的日隴紮營，曾親眼看到對岸加拉白壘峰的雪崩錐，直接落入海拔2,680米的江中。入夜崩雪不時撲落，發出隆隆的聲響。

第十節　豐碩的收穫

大自然對大峽彎恩寵備至，它向人展示了兇險莫測的雄峽峻谷，峭拔雲天的兩大雪峰，規模宏大的冰雪活動，極其豐富的生物多樣性和物種基因庫，以及北半球最為完整的氣候——生物垂直帶譜。堪稱舉世罕見的自然博物館，然而卻很少有人知曉，大峽彎蘊藏着世界上最為集中的水能資源，可以開發舉世無雙的巨型水電站。而在大峽彎內發現的地熱資源，也為我開拓高原地熱資源研究之路增添了信心。

舉世無雙的水能資源

水能資源是由河流徑流量和水的落差這兩項基本要素組成的。繞行南迦巴瓦峰的雅魯藏布馬蹄形大峽彎，是在幾百萬年以來隨着高原隆升而急劇下切的過程中成長起來的，從峽谷進口處的派村到出口處的希讓村，水面海拔高程從 2,780 米下降到 580 米，在短短的 230 公里流程內，水面高程下降了 2,200 米，加上這一區間匯入的迫龍藏布江和金珠藏布江等其他支流，雅魯藏布大峽彎地區的幹、支流以其豐沛的徑流量和巨大落差，構成了近 6,000 萬千瓦的水能資源蘊藏量，約佔全國水能資源總蘊藏量的 8.9%。

大峽彎上段的河道落差最為集中，從派村到迫龍藏布江匯口處 86.6 公里的河道上，落差高達 1,340 米，蘊藏了2,529.2 萬千瓦的水能資源，平均每公里河道長度上的水能蘊藏量達 29.14 萬千瓦。從迫龍藏布江匯口處至墨脱，河道長 101.8 公里，落差 740 米，由於迫龍藏布和金珠藏布等支流的匯入，也蘊藏了 2,156.1 萬千瓦的水能蘊藏量，平均每公里河道長度上的水能蘊藏量仍有 21.18 萬千瓦，這些數字在世界上任何正常的河道上都是極其罕見的。

開發大峽彎水能資源的基本方式有兩種：一種方式是沿大峽彎從上游向下游節節築壩，形成前後銜接的梯級，通過調節水量和集中落差後，建設多級壩後式水電站。這種方式能夠最大限度地利用大峽彎中蘊藏的水能資源，形成世界上最密集和規模最大的水電站群，但是它的投資太高，施工困難，還最易受到山地災害的衝擊；另一種方式是利用大峽彎有利的馬蹄形彎拐，在峽谷上段築壩擋水，再開鑿穿過喜馬拉雅山的越嶺隧洞，截彎取直，引江水直達大峽彎的下段，可以一舉獲得超過 2,200 米的落差，建設裝機容量高達 3,800 萬千瓦的超大型墨脱水電站，這一規模將是正在建設中的三峽水電站的二倍多，更為當今世界上最大的巴西伊泰普水電站的三倍以上，而成為世界之最。它還將在年發電量之多，發電水頭之高，輸水隧洞之長，單機容量之大等方面創造世界之最。

從工程量、施工條件、工程安全、經濟效益和生態效益初步比較，開鑿越嶺隧洞的方案較之梯級開發的方案有明顯的優越性。即便如此，在大峽彎複雜多變的自然條件下，開發這項規模空前的水力工程，不僅投資大、工程艱巨，而且還要解決水利建築抗震、長隧洞開鑿的地下岩爆、超大型發電設備的製造和運輸等一系列技術難題，因而不會是近期能夠實現的。然而讓我們感到十分欣慰的是，通過我們艱苦卓絕的努力，為炎黃子孫留下一筆可觀的能源儲備。

發現德姆弄巴熱噴泉

10月31日，全組從甘代以溜索過江後，原準備在臨江的魯古村住下，後來迎接我們的鄉長介紹，魯古村曾經流行過麻瘋病，建議我們改住旁邊德姆弄巴溝裡邊的戈登村。

麻瘋病是一種慢性傳染性的皮膚頑症，通過密切接觸傳播，曾經在中國南方、日本及亞洲南部流行，嚴重的患者肢體畸形。過去沒有特效藥，只能強制患者集中住進與世隔離的麻瘋村，令病人飽受精神和病體的雙重煎熬。

德姆弄巴溝是大峽彎幹流右側一條深切的支溝，發源於南迦巴瓦峰的東坡。戈登村高踞於深溝北側的谷坡上，是一個藏族聚居的山村。我和老楊被分派到一位名叫甘頓的藏族老鄉家中寄宿。這個五口之家，夫婦二人育有三個不到十歲的孩子。年輕力強的主婦為我們張羅牀鋪和燒飯。考察組到來的消息很快便傳遍全村，晚飯之後，忽然有位身穿藍色舊布衫的長者來訪，從閒聊中得知他祖籍四川，四十多年前來到這裡，如今漢語已基本忘光，只能聽不會講，我問他為甚麼來到這裡，他想了一會，一邊用右手撥浪鼓般比劃，一邊用帶有四川口音的話艱難地説："賣針、賣線"，原來他是位走村串鄉的貨郎。四十多年前，正是抗日戰爭期間，這位貨郎離鄉別井，翻山越嶺來到大峽彎，一直沒有再回去。他從家鄉帶來種植技術，與藏族鄉民和睦共處，但至今仍孑然一身，他是我在大峽彎中見到唯一的漢人。

還在加拉莎的時候，我就了解到戈登村下的德姆弄巴溝溝底有一處熱泉群，這是我們在戈登考察的重點。第二天清晨，房東甘頓領着我直進溝底。雖然已值仲秋，溝水仍然不減，連續的急流瀑布，朝着雅魯藏布江幹流狂瀉而去。就在一處瀑布的上坎，溝底和溝壁兩側，出露了十幾處熱泉口，噴溢而出的熱水匯入喧囂的河流，山谷中雲蒸霞蔚，汽霧瀰濛。從熱水中沉澱出來的鈣質泉華，幾乎把溝底的亂石堆和兩側溝壁包裹起來。在那陡峭的崖坎下，還倒掛着鐘乳狀的泉華，我用冰鎬敲擊，發出鐘鳴般的聲響。這聲響加上乳房狀的外形，恐怕就是鐘乳石名稱的由來吧。

最引起我興趣的是崖壁上水平噴出的一股熱泉，射程有 2 米多，水溫 63℃。這是我在大峽彎中調查到的第一個噴泉。我測量了幾個主要泉口的水溫，灌滿了水樣瓶，並帶上幾塊岩石和泉華標本走上歸途。

第一個沸泉的啟示

離開戈登村，繼續沿江向上游行進，跨過一個個泥石流溝和塌方區，一直找不到一處可以宿營的地方。傍晚，我們冒着淅瀝的秋雨，登上喜馬拉雅山最東端的衛布拉埡口，那裡地勢稍為平坦。大家舒口氣，卸下行裝，搭灶燒飯，然而一大鍋飯怎麼也燒不熟，我掏出海拔儀一看，原來埡口的高度已經有 3,320 米，在這樣的高度上，水的沸點只有 90℃ 左右，我們只好吃了一頓夾生飯。在潮濕狹窄的營地上，我把隨身帶來的帆布吊牀吊在兩棵雲南松樹之間。入夜，雨越下越大，吊牀頂上的防雨布積滿了雨水，要我一次次用腳把水蹬掉。

第二天一路下坡，直到江邊的八玉村，八玉村海拔大約 1,750 米，高於江面四、五百米，旁邊還有個小村阿斯登。後來我才知道，1924 年英國植物學和地理學家沃德，曾經從派村沿大峽彎的上段，經白馬狗熊到達這裡，再向北經扎曲村走出大峽彎。而我們的考察，把從拿共到八玉村之間科學工作者尚未踏足的科學空白區，填補過來。

八玉村是大峽彎的腹心區，是門巴人聚居的一個較大的村落，我們決定在這裡休整一下，於是一部分人留下殺豬買菜，準備晚餐，我和另外三名組員和兩名士兵下行江邊，測量江水流速和調查熱泉。從阿斯登村有一條小路通到江底的溜索旁，這道溜索是村民到對岸狩獵的通道。在溜索下游，崖壁腳下的黑灰色片岩裂隙中，有一股熱水流出，注入一口平淺的熱水塘。我把水溫計插入裂隙，水銀柱急速上升，直指 94℃，對應這裡的海拔高程，這已是水的沸點溫度了。這是我在大峽彎中發現第一個沸泉，令我興奮不已。沸泉在天然水熱活動中，是熱水中熱含量發生質變的重要標誌，因而也是判斷高溫地熱帶存在，以及地下熱水熱能利用的重要指標。

完成了阿斯登沸泉的調查和採樣後，我又爬上溜索，和大家一起完成了驚心動魄的測流工作（詳見第七節）。回到八玉村時，留在村裡的隊員正在燉肉燒飯，我們和士兵、民工一起，美美地飽餐一頓。

扎曲的熱泉和泉華錐

從八玉村啟程，我們踏上 1973 年沿大峽彎幹流考察水能的最後一程。我們用一個上午，穿過 1950 年大地震時遺留下來的崩塌流石堆，翻越一道海拔2,650米的山埡口後，一路下坡逾千米，來到達波村下的江邊溜索旁。在當時，達波的溜索是大峽彎中唯一分上、下行有兩條溜索的"陡溜"，長200多米。在溜索上的大部分行程是順坡而下的自由滑行，只是在越過最低點後需要用雙手攀援。大家有了甘代過"平溜"的經驗，要過這道溜索應該不成問題了。然而事出意外，士兵小李在剛滑過最低點改用手攀援的段落，忽然停在懸索上動也不動，孤身一人高懸在江面上四、五十米的半空。

江水在他身下呼嘯而過，我們一時弄不清楚出了甚麼事，是滑索的工具出了故障？還是他突發急病？任憑我們在岸邊大聲呼喊，他依然毫無反應。正在我們一籌莫展之際，一個門巴族女民工一聲不響地爬上溜索，滑向士兵小李，從後面硬是把他推過了江。原來當小李懸在高空時，他的恐高症發作了。恐高症患者身處高空時，會突然感到頭暈目眩，手腳發軟而不能自持。小李是入伍不久的新兵，為了完成護衛我們穿越大峽彎的任務，隱瞞了自己的病史。這位年輕士兵的純樸和盡職，門巴族女民工的勇敢和沉着，叫人難忘。

傍晚時分，我們到達江北岸的扎曲村。扎曲村正位於大峽彎從北東向南迴轉的彎拐頂點，在它背後又有迫龍藏布江由北向南匯入。這兩條大江前後夾持的半島形如魚脊，而扎曲村正座落在半島中間較為平緩的鞍部。登上扎曲村，驀然回首，只見氣勢恢宏的喜馬拉雅山脈，在綿延了2,000多公里之後漸次低下，它的尾閭緩緩地沒入弧形彎拐的滔滔大江之中。

扎曲村是鄉政府的所在地，我們住進了鄉政府的公用房，鋪好地鋪，準備休息兩天。幾天來的勞累，使大家很快便進入夢鄉。誰知在午夜，一陣莫名的抖動和木屋、地板嘎嘎的聲響，把大家從睡夢中驚醒，這是我們在大峽彎中親身經歷的一場有感地震，幸好有驚無險。大峽彎是地震頻發區，對於當地的居民，地震早已司空見慣。

第二天趁着大家休息之機，我和士兵小彭直下迫龍藏布江畔，考察分佈在崖腳下和灘地上的扎曲熱泉群。這個泉群有二十多個泉口，沿江分佈長達 300 多米，水溫大多超過 80℃，其中最出色的是崖腳下灘地上聳立的一座高達七、八米的泉華錐，熱水從錐頂溢出，漫流成一層覆蓋在泉華錐上的水膜，在陽光下熠熠閃光。泉華錐是熱泉水中的鈣質在泉口周圍逐漸沉積而成。隨着錐體加高，熱水的水壓降低，湧水量減少，鈣質便會在泉口內沉澱，最終把泉口堵塞，這個過程被稱作熱泉的"自封閉"。這時熱水還會在附近尋找新的出路，有可能營造出新的泉華錐。

重訪通麥長青沸泉

11 月 17 日，我們全組從扎曲村出發，沿迫龍藏布江走出大峽彎，到拉薩乘飛機返回北京。迫龍藏布江沿途匯集了眾多冰川的融水，成為雅魯藏布江水量最豐富的支流。它從東向西，再折轉向南，浩浩蕩蕩地匯入大峽彎，它那山高谷深的下游，渾然是大峽彎的一部分。雖然山路依然崎嶇難行，但比起大峽彎幹流沿途的日日夜夜，這一程卻勝似閒庭信步。我們先來到門巴族聚居的迫龍鄉，第二天我們跨過迫龍藏布江的吊索橋，一眼便看到險些叫我們栽進易貢藏布江的那輛卡車，兩位司機在相隔五十二天之後，按時到達我們事先約定的地點。我們把行李放上車後，我先去調查我們往返波密時曾兩次路過的通麥長青沸泉區。

通麥長青沸泉區分佈在迫龍藏布江的谷底。站在公路上，便可看到公路邊的排水溝旁，有大大小小的沸泉口和天然蒸汽噴汽孔，用測溫計測量的溫度都有 90℃ 以上。我爬上路邊的陡崖，在高於公路大約 8 米的崖坎上，有一口直徑約 1 米的沸泉洞，高溫蒸汽夾帶着大量沸水陣發性地噴薄而出。我把測溫計的探頭丟入洞口，測得溫度 94℃，再把探頭強行深入洞中 1.5 米，汽水流的溫度竟達 95.5℃，比當地高程上的水的沸點還要高。洞口上方騰起高約 20米的蒸汽霧障，濃烈的硫質氣息令人難以駐足。我回到公路上，可以聽到路基下沸水在鼓噪，蒸汽從石塊縫隙中逸出。硫質蒸汽在沸泉區內的泉口周圍結成橙黃色的自然硫晶體。

由於高溫蒸汽的出現，通麥長青沸泉水熱活動的激烈程度又超過阿斯登沸泉。1973 年我在大峽灣地區一共調查到七處溫泉、熱泉和沸泉，泉水的溫度有從南向北逐漸升高的趨勢，這個規律在以後三年的考察中得到證實。

考察隊帶着豐碩的收穫，從大峽灣安全地回到拉薩。我們向西藏自治區政府匯報大峽灣考察的初步成果時，我也匯報了大峽灣中發現的豐富地熱資源。結果這次匯報使我的科學考察生涯又展開了新天地（詳見第二章）。

延伸思考（1）

1. 你覺得科學考察和探險獵奇有甚麼分別？
2. 為甚麼這麼多科學家要想盡辦法走遍大拐彎峽谷，走遍了有科學意義嗎？
3. 現在我們在地圖上一目瞭然的一些情況，原來在一二百年前，還毫不了解。我們現在對外太空的了解，可能跟兩三千年前人類的那樣模糊。你能指出三四個值得花時間去探索的重大空白所在嗎？
4. 如果要你像科學考察隊員那樣，徒手攀過那滑溜溜的石英片岩懸崖去對岸做科學考察（見"在阿尼河的絕壁上"），你會做嗎？
5. 小時培養的興趣可能成為一個人終生的事業。像本書作者的興趣是地理和地質。你對哪些方面有興趣？曾否嘗試透過讀書或實驗等，來深入了解這項興趣？
6. 好的科普讀物不但能讓讀者認識自然科學世界，而且文字流暢優美，內容具深度。你知道這樣的科普讀物嗎？能推薦一些給朋友嗎？

第二章

發現喜馬拉雅地熱帶

氣勢磅礴的間歇噴泉，驚天動地的水熱爆炸，
熱浪襲人的噴汽孔和翻湧不息的沸泉塘……，
這些都是我們在西藏南部發現的一批激動人心的高溫水熱活動，
證實了我對喜馬拉雅山脈以北，存在強烈地熱現象的預言。
因而命名為“喜馬拉雅地熱帶”。

第一節　地球的“窗口”

在上個世紀七十年代以前，國外編制的全球地熱帶分佈圖上，位於地球上兩條著名的地熱帶——環太平洋地熱帶和地中海地熱帶之間的中國西藏地區，卻是一片空白。據我當時的了解，促使喜馬拉雅山脈和青藏高原橫空出世的喜馬拉雅造山運動，是地球上最新和最強烈的構造運動，由此推斷，在青藏高原南部的喜馬拉雅山脈以北，理應出現精彩的高溫水熱活動。然而這畢竟是沒有經過實踐證實的推斷。因此我既懷着信念，卻又有些忐忑不安地毛遂自薦，在已經組建了的中國科學院青藏高原綜合科學考察隊的研究項目中，補充設置地熱學科研究專題和地熱考察組，填補西藏地熱研究的空白。

自從 1973 年以後的四年間，在西藏的雪域高原上，為了直接觀測、採樣，取得第一手水熱活動的資料，我們攀爬於雪山下，跋涉在深谷間，出入於密林裡，不知經歷了多少艱難險阻。然而一次又一次水熱活動的重大發現接踵而來：全國首次、中國第一、世界海拔最高……，以及羊八井地熱田的開發，都給了我莫大的鼓勵和慰藉。在這以後的二十幾年裡，我總會借着執行其他科研項目的機會故地重遊。如今靜下心來，重溫那段刻骨銘心的歷程，又讓我回味無窮。

那麼，究竟是甚麼令我對水熱活動如此神往呢？這還得先從地球的地下熱狀態說起。

龐大的地下熱庫

人類居住的地球，是一個龐大的熱庫，蘊藏着豐富的熱能。

地球由地殼、地幔和地核組成。從地面向地下，溫度越來越高。地球科學家估算過，在 15 公里深的範圍內，大約每深 100 米，溫度會上升 3℃ 左右；到了平均厚度為35公里的地殼下部，溫度變化在 500～700℃ 之間；而在深度大約100公里之處，溫度可以達到 1,400℃ 左右；到達地核附近，溫度大約在 2000～5000℃ 之間。地球內部所擁有的全部熱量，大約是地球上煤炭資源所蘊藏熱量總合的一億七千多萬倍。

地球的內熱通過多種途徑向地表散發，每一年所散發的熱量相當於燃燒一千億桶石油。然而地球的結構複雜，地球的內熱向地表的散發量不是平均分配的。在組成地殼的各大板塊正在新生或消亡的邊緣地帶，地下的岩漿活動最為活躍，熾熱的岩漿往往沿着深大斷裂帶上升或者噴出地表。那些滯留在地殼淺部的岩漿，通過地下水的深循環，把熱量以各種熱水和蒸氣的形式帶出地表，這些地帶地球內熱的散發強度，大約是全球平均值的一倍，因而把這些地帶稱為地熱帶，它們往往與全球性的火山帶和地震帶吻合，分佈在各大板塊的邊緣。

話説水熱活動

在中國，人們常把從地下湧出來的天然熱水統稱“溫泉”。但是高溫的熱水和蒸汽，常以翻湧不息的沸水塘；氣勢磅礴的間歇噴泉；驚天動地的水熱爆炸以及熱浪襲人的噴汽孔顯露於地表，這些精彩的現象，再用“溫泉”一詞，便難以恰如其分地形容和概括了。在科學上，把這些現象統稱為“水熱活動”，有水熱活動出現的地域，稱為“水熱活動區”，簡稱“水熱區”。

一般溫度不超過 45℃ 的水熱活動稱為溫泉；從 45℃ 到與當地海拔高度相適應的水沸點的水熱活動，稱為熱泉；到達或超過當地水沸點的水熱活動有沸泉、沸水塘、沸噴泉、間歇

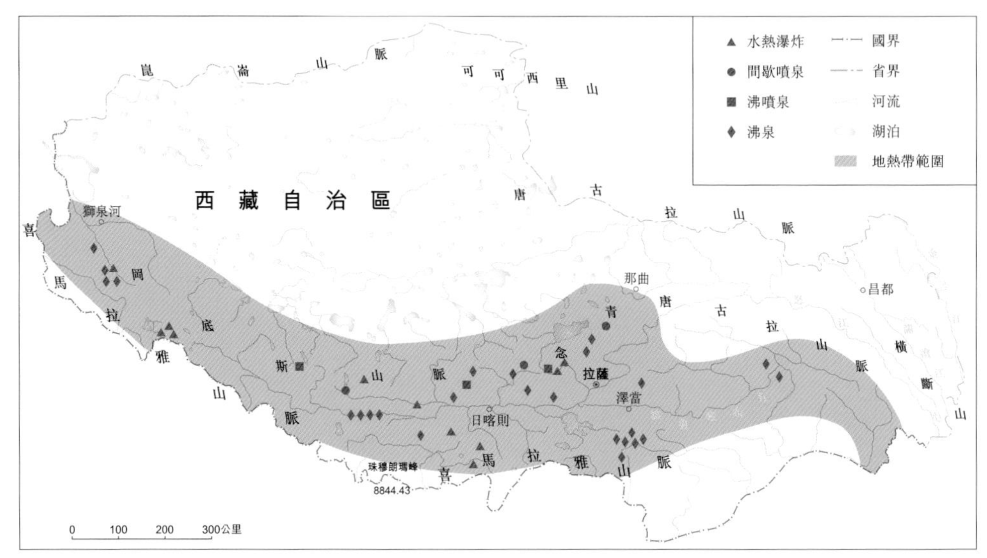

喜馬拉雅地熱帶分佈圖

噴泉、水熱爆炸和噴汽孔等，這些現象構成了水熱活動中最為豐富和精彩的內容，稱為高溫水熱活動。

水熱活動是一種非常活躍的地熱現象和自然地質過程，它為人類"窺視"地殼深部的地質活動提供了一個"窗口"；它是可供熱能和電能利用的新型能源；也是一種醫療和生機勃勃的旅遊資源；地熱流體中包含的多種稀有元素和鹽類，又是十分寶貴的礦產資源。

第二節　形形色色的熱泉和沸泉

熱泉和溫泉是西藏最常見的水熱活動。熱泉的水溫已經超過人體洗浴和醫療的適用範圍，其熱力可以直接用於溫室栽培和居户採暖等生活方面。沸泉與熱泉不同，沸泉泉口的水溫達到當地水的沸點而沸騰，沸泉水的熱含量較熱泉高很多。除了可以直接利用沸泉的熱量外，它的出現，更指示了把熱能轉化為電能利用的可能性。

高原春常在

錯那，在藏語中是黑湖的意思。山南地區的錯那縣位於喜馬拉雅山北麓的一座山間盆地裡，過去盆地中是一片湖水，湖水乾後成為肥美的草場。錯那海拔近4,400米，全年平均氣溫只有0℃，冬季最冷時可低到攝氏零下三、四十多度。

1974年8月份，我們剛到縣城，就感到空氣中飄浮着一絲熱泉區所特有的硫質氣息。在縣革委了解情況時，接待我們的辦公室孫主任是從北京來的。1960年因為國家還欠蘇聯的債，化工部派來一批人開發藏北杜佳里鹽湖的硼砂，老孫是其中之一。後來他留在西藏工作，一幹就是十幾年。在西藏的邊陲縣城見到北京老鄉自然十分親切，話題轉到地熱調查，他説縣城到處有熱水，至於泉口據説有四個，具體的位置一時真説不上來。晚上他請來了兩位年長的居民，他們説很早以前牧民開始在湖濱草地上定居，他們看中了這片熱泉，於是在泉口上壘起石塊作地基，把房子建在上面，用下面的熱水取暖。隨着居民區擴大，又把熱水用渠道逐漸引向四方，現在家家户户都通有熱水渠道。

第二天在孫主任的帶領下，我們走訪了居民區，只見街道旁、小巷邊到處都有石砌的熱水渠道，時而伸進民宅的屋基，時而從門前流出，穿街走巷，串連家家户户，組成一套錯綜複雜，妙趣橫生的地下迷宮。我們循着熱水溝渠來到一户人家，門一打開，一股騰騰的熱氣便迎面而來，我拿出溫度計測量，室溫是20℃，而此時室外的氣溫卻只有8℃。揭開屋內地面上的青石板，隨手可以從水渠裡打起一桶50℃的熱水。據主人説，即使寒冬臘月大雪封門，屋內也溫暖如春。想不到這股歡暢的熱水，把大好春光留在海拔4,000多米的風雪高原上。

那天下午，我們終於在縣政府大食堂的院中，找到了四個泉口中最大的一個。泉口已被石砌，水溫為63.5℃，熱水從泉口兩側的暗渠中分別流入浴室及食堂，再匯入全鎮的熱水網。

西藏還有很多村鎮以類似的方式利用天然熱水，例如仁布縣的曲燦，薩迦的卡烏和謝通門的卡嘎等。這種直接熱利用的方式十分原始，如果熱水中含有過量的有害成分，常常危及居民的身體健康。例如謝通門的卡嘎村座落在卡嘎熱泉上，熱水中含有大量氟離子，污染了附近的地下水及土壤，居民多患氟骨病和氟牙病，不少人體態佝僂、早衰、早逝。1990 年代初，卡嘎村由 8 公里以外引來了飲用水，初步解決了熱水的污染問題。因此在直接利用地下熱水時，應以科學的化學分析資料為依據，最好採取與人畜隔離的措施。

精彩的布雄朗古水熱活動

五月的高原，在一個陽光分外燦爛的日子，我們向另一個水熱活動區進發——措美縣的布雄朗古。

我們驅車沿着雅魯藏布江中游寬敞的河谷行進，田野一片新綠，道旁青青的藏柳枝條迎着和煦的春風搖曳。車過山南地區首府澤當鎮，轉向雅魯藏布江南側的一條支流溯源上行，翻過海拔 5,000 多米的分水嶺，進入了狹長的藏南高原，自然景觀為之一變，舉目南望，喜馬拉雅群峰銀裝素裹，嚴冬還在施展它的餘威，料峭的寒風使大家都穿上了厚厚的羽絨服。黃昏時分，我們趕到措美縣的古堆公社。

古堆公社位於雄曲河上游，河谷兩側分佈着很多高溫水熱活動區。第二天清晨，我們騎馬從公社出發，先奔向 10 多公里以外的茶嘎水熱區。

茶嘎水熱區海拔 4,500 米，一座高達 25 米的鈣質泉華台地，高居於一條東西向支溝的右側。台地坎下，有一排熱泉湧出，水溫 40~70℃，最高的一處達到 82.8℃。公社在這裡修了幾座浴池，據說泉水對風濕、皮膚等病療效甚好。在溝邊平緩的泉華台地頂面上，參差錯落地豎立着一些古泉華錐，像是一座荒遠時代遺留下來的古塔，它們昭示着茶嘎水熱區曾有過比現在興旺得多的水熱活動。

距茶嘎水熱區約 2 公里就是布雄朗古水熱區。依山展佈的矽質泉華台地的規模更加龐大，面積有 0.7 平方公里。由於矽質溶入熱水所需的水溫要比鈣質所需的高許多，因此泉華的質地也是評估地下熱水溫度的重要指標之一。台地的頂面上，是由眾多高溫水熱活動類型組合起來的顯示區：這裡有沸泉、冒汽穴、噴汽孔、硫質氣孔、沸泥泉和熱水塘等。

沸泉是最普遍的水熱活動類型，有的泉口水溫高達 88℃，高於當地沸點 3~4℃，在泉口密集的地方，十幾平方米內竟集中了二十多個，彷彿是一大片開水鍋；噴汽孔常出露在泉華裂隙中；冒汽穴有喇叭口狀也有甕形，天然蒸汽從穴底湧出，穴口熱氣薰蒸，這是我在西藏第一次見到如此強烈的天然蒸汽活動；硫質氣孔的周邊鑲着一圈由硫質蒸汽升華而成的硫磺晶體；沸泥泉在西藏並不多見，在一個小泉口裡，堵滿了受熱蝕變而形成的褐黑色稀泥，在下面蒸汽的鼓動下忽起忽落，翻騰跳蕩；一個底寬口小的熱水塘別具一格，橢圓形的塘口，一汪乳藍色的碧水清澈見底，明鏡般的水面幾乎與地面平齊，只有塘底不時泛起的氣泡，才暫時擾亂了它的平靜。塘水緩緩出流，流量甚少，但水溫卻高達 77℃。塘口邊緣一圈薄薄的白色泉華正在水面上形成，原來塘口便是如此這般地逐漸縮小。我趕忙叫蹲在塘口採樣測溫的小姜和小呂趕快後撤，因為一旦踩垮了塘口，整個人就會掉進水塘裡，後果不堪設想。

高原缺氧、風大，採集氣體樣本可費了大勁，封氣樣瓶瓶

甕形熱水塘　布雄朗古水熱區中的一個熱水塘，在薄殼般的甕口邊，考察隊員正忙着測水溫。

口用的噴燈怎麼也點不着，我脱下了衣服圍着噴燈，大家背風站成一排搭起人牆，用了三個小時才採集好一瓶氣樣。

“瑪瑙山”之謎

一個緊張的工作日結束了，歸途中透過靄靄的暮色，東北方向一片連綿起伏的紅色山頭引起我的注意，究竟這是晚霞映照還是紅色火山岩？只能留待明天考察了。

第二天我們從突多水熱區騎馬回來，忽然見到多雄河河谷右側三四百米高的山脊附近，一團白色的雲霧裊裊升起，這是牧民的野炊還是水熱活動？我決定不放過這一現象，撥轉馬頭走了上去。山坡越來越陡，條條溝壑縱橫枕藉，馬匹走不動了，我們便背上測試工具徒步而上。轉過最後一道山咀，一股濃烈的硫質氣息撲面而來 —— 居然在臨近山脊的斷壁上，一個巨大的噴汽孔正在呼呼作響地噴湧天然蒸汽。斷崖頂上是一片由沸泉、噴汽孔和熱水塘組成的水熱活動區。我們立即開展測試工作，工作才剛剛開始，我留意到散落在熱水塘邊的紅色矽質岩塊，抬頭一看，原來昨天在暮色中見到的紅色山頭就在眼前。我們沿着山脊爬去，這裡是一片古矽質泉華，面積廣達好幾平方公里。龐大的泉華體表面經歷了長年風雨，已經殘塌剝落，水熱活動早已停息，但是根據泉華層同心圈閉的現象，可以分辨出昔日古泉口的所在。古泉華層以紅色為主，夾帶粉紅和白色呈條帶狀分佈，從斷面上看，赤白相諧，委蜿如流，有的已經變成玉髓和瑪瑙，更顯得玲瓏剔透。各類標本俯首可拾，叫人愛不釋手。剛翻過山脊，只見一條沖溝的對岸，又出現一片熱氣騰騰的水熱活動區。接連不斷的新發現鼓舞了大家，我們拖着早已疲憊的雙腿，搶在日落之前爬上了對岸。這片水熱區擁有大量沸泉、熱泉和熱水塘，一條貫穿水熱區的沖溝溝谷和溝壁上，出露着由硫質蒸汽升華生成的硫磺斑塊，有的是金黃色的針狀晶簇，有的被熱水溶成了乳膠狀物質。

"瑪瑙山"的存在以及它龐大的規模，反映了過去這裡曾經有過多麼強烈的水熱活動。隨着高原抬升，河谷下切，由古水熱活動澱積出來的泉華，遺留在比雄曲河谷谷底高出 300～400 米的山頂。時至今日，水熱活動由集中轉為分散並向周邊遷移，但各水熱區的水熱活動仍然保持了激烈的程度，充分表明了地下熱源的強大、持久和穩定，可以預料：古堆附近將會出現像羊八井那樣可以用來發電的濕蒸汽型地熱田，為山南地區的經濟發展和改善農牧民生活水平，提供另一種能源資源。

尋訪"死魚河"

在西藏，早就流傳着"死魚河"的傳聞，而有關西藏的典籍中亦多有記載，説的是雅魯藏布江中游江心河牀之中，有個間歇噴發的熱泉口，每次噴發時如有魚群經過，往往會被燙死浮出水面。為了印證這個傳聞，找尋江中的熱泉口，我在

1974 至 1975 年曾沿江調查時，注意尋訪死魚河。

1975 年 5 月，我們從措美縣的古堆公社出發，沿着蜿蜒的雄曲河向東，到達隆子縣的贊當村。迎着東升的太陽，只見發亮的河心灘（河牀中只有枯水期才露出水面的淺灘）上一團白色蒸汽徐徐上揚。我們下了馬跨過河踏上心灘，狹長的心灘上，雪白耀眼的泉華像層層的梯田，從中心向四外鋪開。泉華上一條長 10 多米的裂縫斜貫心灘，並伸進河牀，從裂縫裡傳出沸水翻騰的喧囂聲。裂縫南端的一處沸泉最大，沸水翻滾水花四濺達半米多。裂縫裡的各個泉口水溫都在 84~88℃ 之間。我脫去鞋襪，順着裂縫向河牀延伸的方向走去，準備測量河水的流量。河水溫暖，水中 2 寸來長的小魚往來穿梭。忽然腳底一痛，像被針扎了一樣，原來是踏到水下的小沸泉口，被熱水燙了一下。測量完畢回到心灘，在心灘邊的一處回水灣裡，我發現飄浮着十幾條死魚，其中還夾雜着小青蛙和蝌蚪，我注意觀察着水面，只見水中小魚游近裂縫，總是先徘徊一下，然後迅速游開，終於有一條漫不經心的小魚沒有及時躲開，被捲進熱水漩渦，開始掙扎了幾下，動作慢慢遲緩，最終翻過身來露出白肚皮，浮出了水面。

河灘附近有幾隻黃羽藍翅的赤麻鴨在嬉戲覓食，我們的到來似乎驚擾了牠們，但卻又不肯離去，我想怕是留戀那些被燙死的小魚吧。

翻譯旺久從贊當村買了十幾隻雞蛋放在沸泉裡，不一會便熟透了，我們又把帶來的食品放在從村裡借來的平鍋中蒸熱，美美地吃了一頓中餐。

這條死魚河不僅吸引了坐享其成的赤麻鴨，也方便了人們利用它的熱量。在河牀的右岸高高的河坎下，出露了一排熱泉口，水溫多在 50~60℃，贊當村一座 25 千瓦小水電站的進水口就設置在這裡，引水渠的渠道裡也有泉口出露，熱水摻入河水，使海拔 4,200 米的高寒地區渠道冬季不結冰，保證了水電站正常運行，為贊當村提供了源源不絕的電力。

1975 年 7 月我在昂仁縣西南的色米沸泉區考察時，見到距對岸十來米的江中水面上江水有湍流的現象，我懷疑河裡頭應有沸泉口。果然不出所料，據色米村的村民説，這是江底的熱泉，枯水季節出露水面，水溫很高，可煮熟雞蛋。他們還介紹江水深處還有熱泉，枯水期時可以見到泉流湧動，但是從沒有人見到過被燙死的魚浮出水面。

其實在藏南的大小河流上，存在不少類似突多的"死魚河"現象，羊八井的藏布曲便是其中之一。

高原上的天然熱水日光浴

1976 年的 8 月中旬，我們組正在跨越中印（克什米爾）邊境的班公湖上測量，接到隊部的通知，要我參加臨時組成的羌塘無人區考察組，我暫停了手頭上的工作，隨着隊部的車隊前往。領頭的北京吉普由車隊隊長唐天貴駕駛，跟在後面的是兩輛卡車。

羌塘高原是指從那曲到獅泉河的公路以北，直到喀喇崑崙和崑崙山廣大而緩緩起伏的高原湖盆區，平均海拔 5,000 米。由於環境惡劣，在上世紀七十年代以前，一直是沒有固定居民的無人區。在科學工作者之中，只有瑞典人斯文赫定等少數外國科學探險家留下過足跡，因而我們對羌塘高原的氣候、地質、地貌、生物以及水文等狀況知之甚少，因此自然是地學和生物學工作者為之神往的秘境。羌塘高原分屬西藏的那曲和阿里地區管轄。1976 年我們科考隊專門組織了藏北分隊，在那曲地區從南向北穿越羌塘高原；而阿里分隊的一部分人，再從西向東深入高原腹地。

離開班公湖，車隊沿着班公湖的古湖牀一直向東，不久便進入了無人區。汽車在沒有路面的草地上顛簸前進，中午時分天氣漸熱，由於高海拔地區空氣稀薄導熱慢，加上這天又是順風行駛，風從車後吹來，位於車頭的冷卻水箱便很容易沸騰，走了不久就必須要把車調過頭來，讓迎面風吹散水箱的熱量。

羌塘高原雖不宜住人，但卻是野生動物的樂園，在途中我們就遇上一群藏野驢，為顛簸的路上增添了一段新奇的樂趣。十幾隻上體赤褐下體灰白的藏野驢出現在車隊的右邊，用疑惑的眼光盯着這些從來沒有見過的鋼鐵怪物。等車隊剛剛過去，牠們便排成一列，飛鬃揚蹄地從後面趕上來，斜向超越車隊跑向左邊，然後回過頭來望着車隊。等車隊過去後，又從左面追趕車隊跑向右邊，好像故意跟車隊競賽，展示牠們奔跑的本領，讓我們不禁連連喝采。這樣的遊戲反覆了幾個回合才盡興而去。藏野驢是三個亞洲野驢亞種中體格最大的一種。牠們並不是家驢的祖先，可以看做介於驢和馬之間的類型。藏野驢善跑，最快時速可達 64 公里，這是牠們對付狼群和雪豹等天敵的本領，也是以飲水點為中心擴大吃草範圍的手段。

羌塘高原最難對付的莫過於兩件事：一件是車輪陷在泥淖裡，另一件就是找淡水。幸好這次沒有陷車，遇到的只是找淡水。按照嚮導的指引，我們這天晚上在一片靠近淡水沼澤的地方安頓下來，沒料到近幾年這片沼澤被山洪沖下來的泥沙淹埋了，而沼澤下方的小湖，水鹹得進不得口。嚮導又帶着我們用冰鎬和鐵鏟挖了個土井，等混濁的井水澄清下來才開始燒晚飯。

第二天聽說我們要去考察帕野熱泉，組裡有些人一時興起，紛紛跟了我們去。就在帕野雪山東北方的山腳下，一排醒目的泉華丘高出地面 10 多米，泉華丘頂上一連串的泉口正在汩汩地冒出熱水。其中一口直徑有 2 米多的泉塘，中心泉口在二氧化碳氣泡的鼓動下翻湧不息，水溫有 61℃，是一處碳酸泉。中國東部的碳酸泉十分稀少，只要不含有害成分，大多被瓶裝成礦泉水，水味微酸甘爽，又稱為天然汽水。西藏阿里地區的碳酸泉特別豐富，可惜位置偏僻，一時無法利用。但是一般而言，地下深處如果殘存着岩漿活動，會釋放出大量二氧化碳氣體，並在強大地下壓力下被熱水溶解。當熱水上升到地表時，隨着壓力降低，二氧化碳從水中解溶。由於氣體在解溶的過程中要從水中吸收熱量，以致泉水的溫度並不很高，但這卻是地下可能存在高溫熱源的間接證據，為以後進一步勘查地下熱能提供參考。

這一天正午風和日麗，太陽的強烈輻射使地面升溫，加上泉塘散熱，周圍一片暖意融融。不知是誰喊了一句：這麼好的天然浴池，為甚麼不洗個澡？說時遲那時快，孫隊長已經率先脱掉厚厚的羽絨服和內衣跳入水中，在他的帶動下，大家紛紛脱衣下水，泉塘的邊上水溫適體，對於兩個多月以來，風塵僕僕未能洗澡的科考隊員來説，不能不説是天賜良機。在這海拔近 5,000 米的羌塘高原上，大家互相撩着熱水，有說有笑，沐浴着溫潤的天然熱水和燦爛的陽光。

苦中有樂，苦中作樂，這樣的樂才是可貴的、甜美的、值得珍惜的，因而也是永誌不忘的。

暢飲天然汽水 —— 碳酸泉

“古格王國”裡的曲隆熱泉

初到阿里，接到的第一個任務卻是我份外的地形圖測繪。阿里地區平均海拔超過 4,600米，只有南部海拔 4,200 米以下的河谷地區可以耕種。阿里地區政府為了減少依賴區外糧食，選中了扎達縣象泉河支流熱布加林河的下游河谷，建設機耕農場，測繪地形圖和農場規劃的任務落在我們分隊身上。

汽車沿着噶爾河河谷向南，翻越了岡底斯山的支脈阿依拉山，眼前是一片被象泉河流支解了的原始高原面。在那參差錯落的峭壁上，清晰地展現出重重疊疊的水平岩層，遠遠望去，猶如大海波濤，氣勢恢宏。而背後的喜馬拉雅山像一道長垣，拱衛在它的南緣。

我們組在熱布加林河畔安營紮寨，白天出外測量，晚上在手電筒的光照下繪圖，連續工作了二十一個日夜，終於完成了四幅大比例尺的地形圖。這時我們自身的任務已經刻不容緩了。為了節省時間，我決定兵分兩路，由老廖、老歐和小楊乘車返回噶爾河河谷，再沿河谷向上游，重點考察巴爾沸噴泉和門士熱泉；我和小馮騎馬沿象泉河走向上游，重點考察曲隆熱泉。

我們在扎達縣等待馬匹。扎達縣城在象泉河中游南岸的高階地上，走出縣城可以俯瞰象泉河谷的全貌。扎達縣的縣城，幾乎全部座落在一片乾涸了的古湖盆之中。早在六百多萬年前，喜馬拉雅山和岡底斯山相繼隆升，但海拔並不高，它們之間是一個面積廣達 70,000 平方公里的淡水湖。隨着高原抬升湖盆下陷，在三百多萬年間，四周河流在湖盆中堆積了厚達 1,000 多米的含礫石細粉砂層，類似北方的黃土。近三百萬年來，高原大幅度抬升，宣泄湖水的古象泉河急劇下切，加大了湖水外流的速度，最終大湖被疏乾。如今的象泉河自東向西貫

在熱布加林河畔紮營　遠方的古湖泊沉積物已被流水切割成溝壑縱橫的土林。近處為盛開的金臘梅灌叢。

穿了整個湖盆，它的中游河牀已下切到海拔 3,600 米左右，谷地氣候宜人，是阿里重要的農業區。在河流節節下切的過程中，中游河谷兩側留下多級階地。階地之間，在高差數十米以至上百米的絕壁上，可以見到密集的洞穴群。原來藏族先民曾經在這裡創造了早於藏南雅礱文明的象雄文明，又在一千一百年前建立了輝煌一時的古格王國，它的都城就在離扎達縣城不遠的扎不讓，王宮依山而築，下層居住平民和奴隸，中層是廟宇和僧侶，王室成員居於絕頂。那時的王宮已殘破不堪，也鮮為人知。2000 年我再來扎達時，王宮已修葺一新。都城周圍的崖壁上的那些洞穴，據說有民居、倉庫、畜圈和廟宇之分，內部由密如蛛網的隧道和暗道相接，進可攻退可守，估計那時居民有三、四十萬之眾。十七世紀初，古格王國被拉達克王出兵所滅。數以十萬計的民眾，連同他們創造的文明卻離奇地灰飛煙滅，消失在歷史的長河之中。

三天後，縣政府委派的嚮導只借到三匹馬。由於沒有馱馬，我們只帶了乾糧、馬的飼料和一隻燒水用的水鍋上路。在扎達縣城以上的象泉河是一段峽谷，沒有道路，我們只能跨越一條條支流，在這一起一伏的嶺谷之間晝行夜宿，靠着我左邊口袋的壓縮餅乾和右邊口袋的酸奶渣走了三天。一路上望着崖壁上一個個黝黑的洞口，卻連一户人家都沒有。到第四天乾糧基本吃光，又逢陰雨，連個點火燒水的地方都找不到，飢寒交迫地度過了一天。第五天天公放晴，但我已餓得一點氣力都沒有了。眼看到達曲隆公社的一個放牧點，我剛一下馬，只覺頭暈目眩眼冒金星，趴在地上站不起來，等到小馮和嚮導從牧民帳篷裡端來了酸奶和糌粑，我才恢復了元氣。

從放牧點下到象泉河上游的寬谷，曲隆熱泉的新奇面貌馬上吸引了我，就在河牀右岸的河漫灘上，一片平緩的新生泉華台地高出河面只有1米多，泉口出露在台地中央，水溫54℃，

曲隆熱泉的新舊泉華堆積　隊員小馮站立在高7米的泉華錐頂的台地上，下方是乳白色的新生泉華錐，身後是龐大的古泉華台地。

熱水向四處漫流，沉澱出逐級低下的乳白色鈣質泉華台坎，一直沒入河水之中。在台地下方的河牀邊，有個泉口噴湧不停，我原以為是個沸泉，但一量水溫卻只有 55℃，原來泉水中飽和的二氧化碳當上升到接近地表時，隨着壓力降低，大量二氧化碳解溶帶走了熱量，以氣體狀態釋放出來。在這個泉口的對岸，有一座高約 7 米的泉華台地很引人注目。我爬到台地的頂面，只見一道貫穿台地的大裂縫，縫中的熱水也因大量二氧化碳氣泡而激烈鼓噪。熱水自裂縫中溢流而下，在台地側面堆積成造型精美的半面泉華錐，錐體的底部階梯狀泉華台坎層層疊疊。令人驚訝的是這兩處新生泉華背後，右岸高達數十米以及左岸高達 100 多米的河流階地，全部由黃褐色的古泉華組成，可以想像昔日的水熱活動如何經年歷久和規模巨大。

第三節　激動人心的水熱噴發

水熱噴發是沸泉激烈活動的一種變化形式。

高溫熱水在接近地表時，由於周圍的環境壓力逐降低，熱水在泉口以下便已到達沸點，一部分熱水轉化為蒸汽所產生的膨脹壓力，使高溫汽水流沖出泉口，形成比沸泉要更加洶湧的水熱噴發，一般稱為沸噴泉。如果在地面下存在一套巧妙的空間結構，更有可能出現十分罕見的間歇噴泉，它比沸噴泉的活動更加激動人心。如果高溫熱水在地面下已大部分轉為高溫蒸汽噴出，便是炙手可熱的噴汽孔。

岡底斯山神的炊具

巍巍的岡底斯山，雄踞藏北羌塘高原和藏南谷地之間，它也像喜馬拉雅山一樣為藏族所熟悉和熱愛。在岡底斯山的中段，有座海拔 7,095 米的冷日崗布雪峰，它比著名的岡底斯神山——岡仁波青峰還要高400 多米。在薩噶縣的達吉嶺，遠近鄉民流傳一段動人的故事：相傳岡底斯山神住在冷日崗布峰下的一個山谷裡，山谷中的一個大平台上放着山神煮茶用的大鍋，旁邊有做飯用的爐灶，還擺放着山神征戰用的兵器。這段故事與念青唐古喇山神的故事何其相似，而念青唐古喇山神的煮茶鍋是羊八井藏布曲河心灘上的沸泉塘，難道冷日崗布雪峰下也有強烈的水熱活動嗎？一位老牧民證實了我的聯想，他說冷日崗布雪峰下確實有座很大的沸水塘，不過騎馬要走三天，而且路很難走。連老牧民也說難走的路，看來着實不易走。但為了要做水熱活動調查，再難走的路也得走一趟。

第二天一早，我們一行七人八匹馬整裝出發。豈料剛剛上路就發生意外，小戴騎的黑馬突然不服駕馭，狂躁地跳躍起來，南方出生不慣騎馬的小戴被掀翻在馬下。黑馬拖着韁繩狂奔而去，兩位藏族嚮導拍馬便追，三匹馬繞過一座山梁，晃眼就不見了。耽擱了一個多小時，嚮導到底還是沒有追上黑馬。因為缺了坐騎，小戴只得惋惜地留了下來。

我們順着如角藏布江向上游走，一座高峻的山咀擋住了去路，湍急的江水繞過山咀，山咀臨江一面盡是懸崖絕壁，根本無法通行。我們策馬繞上九彎八拐的山路。山路的上半段陡得只能牽着馬走，驕陽曬得皮膚發痛，無盡無休的盤山險路消耗着每一個人的體力，馬匹吃力地喘着粗氣。快到山口了，馱行李的白馬突然一失足，四蹄一揚，滾下山坡，幸虧被山坡上的一塊大石頭擋住，我們趕忙摸下山坡拉起馬，背上行李爬了上來。出師不利，剛出發就摔了人，現在又跌傷了馬，好在馬的傷勢不重。好不容易登上山口，太陽經已偏西，據嚮導說，這座山口的名字漢語意思是“只有雄鷹才飛得過去”。

下到山腳，我們在河灘的綠草坪上架好了帳篷，用牛糞點起了篝火，嚮導涉水到對岸的牧民帳篷裡找來兩壺鮮牦牛奶。入夜，歡暢的流水聲伴隨着我們入睡，只有小呂的高山反應攪得他輾轉反側，徹夜未眠。

第三天我們沿着河灘向上游奔馳，冷日崗布雪峰尖峭的角峰和銀白色的山體漸入眼簾，山腳下疏疏落落的帳房散佈在發亮的河邊。嚮導把我們引進最大的一座帳房，這裡是如角公社第四生產隊的隊部，正在這裡蹲點的公社幹部熱情地接待了我們，他告訴我，從這裡到如角大沸泉還有半天的路。可是我們的馬匹已經疲憊不堪了，而牧區的馬群都放在遠山上自由地追逐水草，派人去找至少需要兩天。沒有馬，怎去考察呢？幸好晚上生產隊長走家串户，把用來聯絡的馬和公社幹部的坐騎都集中起來，然而一共只有四匹，小呂的高山反應沒有減退，只好留了下來。

第四天一早，我和小姜、翻譯旺久以及一位當地嚮導再一次啟程。這裡的山坡上到處都是鼠洞，馬蹄如果踩到洞裡，輕則摔傷人，重的會折斷馬腳，我拉緊韁繩全神貫注地左閃右躲向前奔馳。忽聽身後撲哧一聲，我急忙勒住馬回頭一看，只見小姜的馬撲倒在地，小姜在空中翻了個 360° 的筋斗摔了下來，我以為這下完了，一定摔得爬不起來了，沒想到在北大荒長大的小姜從小和馬打交道，還沒等我趕過去，他滾了幾滾，一個翻身就爬了起來，抓住馬，整好鞍具又翻身上馬了。

接近如角藏布的河源了，蜿蜒的河牀從上到下出現了由白色碳酸鈣質泉華沉積而成的台坎，每級台坎高 10~20 厘米，高的有 1 米多，層層疊疊有一百多級，猶如梯田一般，清澈澄碧的河水在台坎上一級級地緩緩漫流。河水中過量的碳酸鈣顯然來自上游的水熱區。

從泉華台坎上行約 1 公里，一座寬達 1 公里的大型泉華台地橫臥在河谷之中，台地高約 20 米。老嚮導把我們徑直引向台地上的一口大沸水塘，沸水塘的塘口長約 3~4 米，寬度超過

2 米，塘體充盈着翻滾的沸水。透過塘口蒸騰的熱氣，南望冷布崗日峰峭拔的身影，這口沸水塘應該是山神燒茶用的鍋了。我把測溫儀的探頭投進塘底，測溫儀的指標指示 85.5℃，高於當地沸點 2℃ 多。小姜用溫度計測量塘口的水溫，不小心踩在剛剛澱積不久的鬆軟泉華上，身子向下滑去，我馬上搶上去一把抓住他的臂膀，旺久也趕了過來，連拖帶拽把他拉了上來，險些成了山神鍋裡的一頓美餐。

寬闊的泉華台地上豎立着參差不齊的鈣質泉華柱和泉華錐，據老嚮導説，在 1960 年代以前，這裡曾經有一排噴泉，噴起沸水有一個人高，文革時破除迷信，被人用石塊封堵了泉口。至於山神的兵器究竟是噴泉還是泉華錐和泉華柱，只好憑各自去想像了。

如角藏布的河牀從鈣質泉華台地的西側穿過，河水深陷在被溶蝕的深槽之中，在一個轉彎之後，鑽進了直徑約 2 米的洞穴，形成 20 多米長的暗河。河水剛剛出流，又一頭鑽進了另一段更長的暗河。原來如角藏布是以伏流的形式穿過泉華台地。在伏流進口的洞頂，我們發現三個水量不大的噴泉，其中一個垂直上噴，噴高有 2 米多，另外兩個向側方噴射，使我們的測溫遇到困難，而且又被四處飛濺的熱水燙紅了手和臉。在一片模糊的水溫計上，隱約看到大約 83℃。

我們走向伏流的出口，黑黝黝的洞穴裡傳來陣陣低沉的哼吼，洶湧的蒸汽從洞頂噴湧而出，熱浪襲人不可近，洞裡的一個巨大的噴汽孔正在向暗流噴射高溫蒸汽。我測量了暗河進出口的水溫，高溫蒸汽竟然使流量達每秒約1立方米的如角藏布河水增溫了 12.2℃，如果算上從洞口逸出的蒸汽，其釋放的熱量更加可觀。這是我在西藏考察地熱的四年中，發現的最大的高溫噴汽孔，它不正是傳説中岡底斯山神用來燒飯的大爐灶嗎？

緊張的測量工作終於完成，我們便收拾好行裝往回趕。高原上的天氣變幻莫測，剛剛還是晴空萬里，一會兒工夫，冷布崗日峰的方向烏雲密佈。我們剛翻過山口，已是狂風大作，暴雨夾着蠶豆大的冰雹劈頭蓋臉地撲了下來。馬被打得站住不走了，不住地搖晃着頭，寬廣的平野上無處躲藏，我只好翻身下馬，藏在馬肚子下面。耀眼的閃電，頻頻劃過天空，陣陣悶雷，震耳欲聾，我從電光和雷聲之間的時差，估算出雷擊地點距離我不出二、三百米，但只能無可奈何地等到雷電停止，馬上趕回營地，回到帳篷時渾身已濕透。生產隊長告訴我們，就在一星期以前，這裡就有七人被雷擊斃！我真有死裡逃生的感覺。現在回想起來仍有些後怕。

高海拔地區的雲層相對低，加上空氣稀薄，雷擊既頻繁又強烈，是野外工作的一大威脅。

壯麗的搭各加間歇噴泉

還在薩噶縣工作期間，遇到剛從昂仁縣過來的我們科考隊草場組的劉奉賢，他聽說在昂仁縣西部的岡底斯山南麓，有一處規模巨大的噴泉，我不禁為之心馳神往。

七月底，我們到達多雄藏布上游的然嘎公社夏季牧場，正趕上藏族同胞準備歡度傳統節日——萬古節，寬廣的高原牧場上牛羊肥壯，人歡馬叫，一片豐收的景象。公社書記熱情地用鮮奶和酥油招待我們，他說我們要去的那個噴泉名叫“搭各加”，還為我們選派了一位老嚮導。

第二天一早，我們跨上馬出發，翻過一片低矮的丘陵，前面是我們必須跨過的多雄藏布江。七、八月份正是高原上的雨季，兩天前連續降了幾場雨雪，只見滔滔江水打着旋渦呼嘯而下。面對湍急的江水，我們騎的這些高原駿馬都在不安地踏着前蹄，打着響鼻，踟躕不前。老嚮導領着我們找到一段水淺流緩的分叉河段，依次過江。到了江心，江水還是沒過了小腿，我只好危坐鞍頭，雙腿緊緊夾住馬肚，終於安全地過了江。

雨後空氣格外清新，湛藍的天際浮動着輕淡的白雲。突然遠方地平線上一團濃密的白色雲霧驀然升起，老嚮導指着它說："搭各加"噴發了！隊伍中頓時一片歡躍，似乎馬兒也受到了感染，加快了步伐，朝着白色雲霧升起的地方奔去。

搭各加水熱區負山臨水，多雄藏布江從寬緩的河谷偏西部蜿蜒穿過，把水熱區一分為二。水熱區以北，是一條高約 20 餘米的古冰川終磧壟，壅堵河牀形成搭各加錯；西部水熱區的背後是一座高達 6,000 多米的雪山；水熱區東部靠着冰磧壟，前面是一片沼澤。

水熱區有四個間歇噴泉口，還有大量其他高溫水熱活動，都分佈在一座高達 15~30 米的泉華台地上。最大的間歇噴泉在水熱區的西部偏南的泉華台地上，泉口直徑不足 40 厘米，一條裂隙通往一處直徑約 2 米的熱水塘。這個間歇噴泉的活動並不像人們想像的那樣規律，它沒有固定的噴發期和間歇期，只能相對地分為高潮期和低潮期。每當噴發高潮來臨之前，泉口和旁邊的熱水塘的水位緩緩抬升繼而起噴，汽水柱由低漸高然後回落，經過幾次反覆之後達到激噴，汽水柱可噴高至 10 米，然後呈現下降和再回升的反覆，最後縮回泉口，汽霧消散。

當天下午的三點以後，我們趕上了一次令人難忘的特大噴發：伴隨着撼人的吼聲，汽水流驀然從泉口沖出，立即膨脹成直徑達 2 米以上的汽水柱，噴射高度可達 20 米，柱頂的蒸汽翻滾騰躍直指藍天，景象蔚為壯觀。緊接着一股熱雨從晴空傾落，潑撒在來不及躲避的人們身上。透過瀰茫的水霧，但見一條七彩繽紛的虹霞凌空出現。正當我們的興致隨着聳入雲天的汽浪達到高潮時，汽水柱開始回落，經過幾度反復後縮回泉口，一輪激動人心的噴發銷聲匿跡，大地又恢復了沉寂。就在這次大噴發中，我們搶測溫度，測溫儀的探頭屢次被強大的汽水流從泉口擲出，儘管穿了雨衣和雨靴，在茫茫的熱雨中，手和臉都被燙紅了，還是沒能測到最大噴發時汽水流的溫度。

老嚮導對我們說：在他二十歲的時候，泉口不是這裡，而是旁邊的大水塘，那時的噴發比現在還猛烈。

第二處間歇噴泉泉口在主泉上游右岸的陡壁上，泉口在一個泉華錐頂端的側方。噴發前約十分鐘，泉口開始溢流並逐漸加大，直到汽水流從泉口沖出後向側方噴濺。這個間歇噴泉大約五至六小時活動一次。

搭各加間歇噴泉　岡底斯山南麓的搭各加間歇噴泉主泉口噴發，汽水柱直徑2米，高約20米，柱頂蒸汽更升至40~50米高。

第三處間歇噴泉在對岸，泉口是個熱水塘，時而噴出水花，高度在 1 米左右。

第四處間歇噴泉在第二處泉口的上游約 30 米，老嚮導說這個泉口一般在傍晚或隔天後的上午活動，間歇期大約一天半。

除了四處間歇噴泉外，泉華台地上還有上百處沸泉、熱水塘、熱泉和噴汽孔等各種類型水熱活動。我奮力爬上水熱區西南的山坡，俯瞰勃然升起的間歇噴泉汽水柱和翻湧不息的沸泉群，傾聽那泉口發出的陣陣咆哮，感覺似乎大地正是透過這裡呼吸和吞吐。

第二天清晨一覺醒來，我發現帳篷頂已經被厚雪壓彎了，掀開帳篷一看，好一場大雪，竟在一年中最熱的三伏時節，把泉華台地以外的漫山遍野變成了銀雕玉琢的世界。

上午十點鐘左右，我正在涉水過河，忽然第四處間歇噴泉口開始騷動，首先在泉口上方，一處一向很平靜的小熱水塘開始沸騰，繼而向外溢流。十一時二十五分，隨着一陣吼聲，下面間歇噴泉泉口的汽水流以大約以 45° 向河牀偏上游的方向噴射，幾乎跨到對岸，射程有 20 米遠，彷彿一座銀色拱橋，飛架在江面上。噴發持續了二十五分鐘才逐漸停息。

搭各加間歇噴泉群是中國最大，也是世界上海拔最高的間歇噴泉群，它的發現，標誌着中國成為世界上少數幾個擁有大型間歇噴泉群的國家之一。

間歇噴泉以其猝然發作，激動人心的聲勢，噴發和休止的交替變幻，令人歎為觀止。這種獨特的動態現象，決定於泉華台地內一套巧妙的“鍋爐”系統。系統的中樞，是一個叫“水室”的空間，水室頂部有一條窄長的通道直達地面，稱為喉管。地下深部的熱源，通過下部裂隙不斷向水室輸入高溫蒸汽或過熱水，加熱水室中的水體。當水體被加熱到與其所受壓力相當的沸點而全面沸騰，這時水體汽化產生強大的膨脹壓，把全部汽水混合物通過“喉管”噴出地面，產生激噴。水室騰空後，地面恢復平靜，水室下部和喉管周圍的裂隙又向水室供水，並重新加熱，孕育下一輪噴發，這時泉口處就於間歇期。

間歇噴泉模式圖

世界上著名的大型間歇噴泉區，例如美國的黃石公園，冰島的大間歇噴泉，新西蘭的羅托魯阿等，都已作為大自然遺產加以保護，並早已成為重要的旅遊景觀。美國的黃石公園每年的旅遊者超過三百萬人次。搭各加間歇噴泉區於 1990 年代為西藏自治區政府列為保護區。可是，我在 2000 年曾三度重訪搭各加間歇噴泉區，發現已遭到嚴重的人為破壞：主泉口的旁側，熱水塘被挖開，塘口被人工圍砌，利用熱水淘洗從藏北運來的硼鎂石礦石，致使主泉口的噴勢大為減弱；在主泉口所在泉華台地臨河的陡坡上，為建小水電站而用炸藥炸開泉華體修築引水渠；由 219 國道 22 號道班通往阿里獅泉河的公路，從泉華台地的上緣通過，在開挖路基時，又破壞了上部的泉華體，使這個曾經是中國第一的間歇噴泉名次下降，自然景觀受到破壞。眼見搭各加間歇噴泉今非昔比，難免十分惋惜。搭各加間歇噴泉是十分罕見的大自然遺產和重要的科學財富，希望引起有關部門高度重視，採取有效的保護措施。

後來居上的查布間歇噴泉

謝通門縣在雅魯藏布江中游的北岸，那時雅魯藏布江上還沒有橋，從南岸的日喀則只有一個渡口能過去，每逢夏季江水上漲，會有一兩個月停渡，那時謝通門就變成一座孤島。

1975 年 8 月底渡口開航，我們是第一批過渡的人員，到達謝通門縣城後等待馬匹，準備考察那裡的查布間歇噴泉。

離開謝通門往北，我們向層巒疊嶂的岡底斯山進發，翻過海拔5,100米的南木切山口，經過一天半的騎行，進入寬緩的唐河上游谷地。谷地西面聳立着一座海拔6,000多米的雪峰，谷地東側，一座巨大泉華扇從谷坡伸向谷底。遠遠望去，泉華扇上飄動着幾團白色蒸汽，其中最引人注目的是每隔五六分鐘便衝天而起的蒸汽柱，那就是查布間歇噴泉的主泉口。我們趕着馬蹚過唐河，徑直來到泉口邊，在離泉口只有10來米的地方支起了帳篷，準備監測泉口的噴發活動。

主泉口是一個奇特的直角形裂罅，像英文字母"L"。在主泉口噴發前，距泉口3～4米的一個噴汽孔，嘫嘫地噴出蒸汽，隨後另一個沸水塘的沸水從塘底湧起，於是間歇泉口吼聲大作，汽水流斜向噴出，高約6～7米，柱頂蒸汽飄向藍天。

現在中國最大的噴泉——查布間歇噴泉　1970年代，我們在主泉口邊支起帳篷，監測主泉口的噴發活動。1989年我重訪查布間歇噴泉時，主泉口已轉移，噴高達到20米，成為全國最大的間歇噴泉。

我們把帶着導線的測溫探頭拋進泉口，激噴時又被拋了出來，反覆三次才測到泉口下喉管中的汽水流溫度為96.5℃，已大大超過當地沸點 14℃ 以上，這是我們在西藏水熱活動區測到的最高溫度。

從 9 月 7 日中午起，我們輪流值班，監測泉口的噴發活動，在海拔 4,800 米的高原上，夜晚寒氣逼人，穿着羽絨服還是冷得發抖，我們乾脆把睡袋拖出來放在泉口旁，鑽到裡面做記錄。在二十四個小時裡，泉口噴發了二百零八次，午夜時最高，可達 7米。天寒地凍，在冷風呼呼中，鑽在睡袋觀測和記述別是一番滋味在心頭。

事後我曾走訪 1951年作為中央科學工作隊的成員，到達過查布間歇噴泉區的王大純教授，他是我的老師。據他回憶，當年主泉口每天噴發四次，每次噴高有十幾米。1975 年我們調查到當地一位牧業生產隊隊長，他説 1951 年的主泉口距現在泉口 100 米以上，1952 年 8 月當雄地震後才轉移至此。據 1950 年代的紀錄，才知道二十多年間，查布間歇噴泉的噴發模式有很大的變化。

1989 年我再訪查布間歇噴泉時，汽車已經可以勉強開到泉口附近，那時主泉口噴發的規律又已大大改變，似又重新回到五十年代的模樣：頻率減少而噴高增加，午後三時左右的最大噴發高達 20 米。1998 年以後，昂仁的搭各加間歇噴泉主泉口遭人為破壞，噴發高度降低後，查布間歇噴泉就成為中國最大的間歇噴泉。

懸崖上的噴發

自八月底從謝通門出發以後，我們已有半個月人不離鞍，鞍不離馬了，每天晝行夜宿，輾轉行進在岡底斯山地廣人稀的崇山峻嶺之間，經常過了午夜才找到一個居民點。人困馬乏，小戴騎在馬上都能打起瞌睡來。

我們在仁堆公社調查了三處水熱區以後，公社的女書記提起她家鄉拉布藏布上游有個畢畢龍噴泉，出露在大石壁上，這個消息立刻引起我們的興趣，於是女書記及時為我們準備好馬匹和嚮導，向畢畢龍噴泉進發。

從仁堆到畢畢龍，中途要翻越三座海拔 5,000 米的山口。在翻越最後一座海拔 5,700 多米的山口前，我們的嚮導被雪地強光刺激，患了雪盲，兩眼紅腫，淚流不止，視力減退，我把墨鏡讓給他，自己閉着眼騎馬跟在嚮導的後面。海拔漸高，馬也有高山反應，不肯走路，我先是下了馬揪着馬尾巴走，後來馬乾脆喘着粗氣停下來，我把馬連抽帶拽，好不容易過了山口。從山口下來，已近黃昏。沿拉布藏布向上游，河谷越來越窄，終於被一道花崗岩懸崖擋住去路。我們在附近找到一個牧業生產隊的隊部借宿。這是一個破舊的喇嘛廟，光禿禿的四壁，屋頂上有個四四方方的大天井。

第二天換了嚮導。為了繞過懸崖，只能放棄騎馬步行上山。當我們吃力地爬上山口，山口的背後別有一番景致，參差錯落的花崗岩，有的如竹筍，有的像石塔。在岩壁的節理裂隙中，蒼勁的香柏和各類蒿草頑強地生長，把這裡比作黃山，只缺少了迎客松。下山沒有路，跟着岩羊踩過的小徑，連爬帶溜地下到谷底。

谷底的陡崖下，是一條寬僅二三米到十來米的崖坎，長約百米，崖坎上到處是沸泉和沸噴泉口。崖坎的中間一段，順河方向裂開了一個大口子，深約 1.5 米，底部沸水翻滾，汽霧蒸騰。我穿上雨衣，靠冰鎬的支撐下去測溫採樣，蒸汽從袖口、領口、褲腳鑽了進來，悶熱難當，活像進了蒸籠。

最精彩的大噴泉泉口出露在距水面 3~4 米的花崗岩陡壁上，巨大的汽水流不停地呼嘯而出，噴灑在浪花翻飛的急流上，射程有 10 幾米。我站在噴泉同一側的陡坎上，怎麼也拍不到泉口，為了記錄到噴發的全景，我把嚮導的一條犛牛繩繫在我腰上，由同行的三個人抓住繩子的另一頭，我斜向站在陡壁邊上朝河面探出半個身子，把噴發活動的全過程拍了下來。

返程的路上更加困難，回到住地已是深夜，為了不驚動村民，我們唯有空着肚子鑽進了睡袋。這天正好是中秋節，皓月當空，但肚子裡飢腸轆轆，所有的乾糧早已吃光，我口袋裡剩下最後兩隻蔓菁（一種似蘿蔔的蔬菜）也切開來權當月餅分着吃了。高原上的月亮分外皎潔，透過屋頂上的天井，照得屋裡雪亮，我望着月亮久久不能入睡。

第二天順路調查了色當沸泉區，中午趕到熱當公社，就連從來吃不慣糌粑（藏族的主食。青稞麥炒熟磨製成麵，用酥油茶或青稞酒拌和，捏成小糰而食）的小戴，一頓吃了兩大碗。

不留遺憾的巴爾沸噴泉之行

門士是阿里地區的一座煤礦。上世紀六十年代，一支煤田地質隊在門士附近的巴爾勘察時，曾經報告過噶爾河支流啥母曲的下游峽谷中，有一處沸噴泉，並且發生過水熱爆炸。根據這個消息，應該是一處十分重要的高溫水熱活動區，1976年我們在阿里考察時，把它列為重點考察對象。

1976 年 7 月，當我和同組的小馮考察完曲隆熱泉後，轉移到噶爾河谷的門士，與我們同組的另外三位同事會合。按原來的安排，他們的主要任務是考察巴爾附近的沸噴泉。可是當時正值洪水季節，他們錯選了從峽谷下游出口處逆水進入沸噴泉所在地的路線，因而沒有到達目的地，這處沸噴泉被遺憾地遺漏了。

2000 年底，我借着為西藏阿里地區制訂社會經濟發展規劃的機會，風塵僕僕再次來到門士，決心把二十四年前沒能實地調查巴爾沸噴泉的遺憾補償過來，這次我們選擇從峽谷進口處進入水熱區的路線。我和來自雲南師範大學的小蒙，找到門士飯店的小老板做嚮導，一起乘車沿巴爾到札達的公路爬上阿伊拉山，停在離喀母曲下游峽谷進口最近的埡口上。當我們登上峽谷左側的崖頭，只見谷底縈繞着一團白色的氣霧，巴爾沸噴泉的位置很容易地確定了。然而從崖頭到谷底，是一道高差近200 米的陡峭崖壁，看來爬下去困難，回程的路更加困難。我請司機把車開到峽谷的出口處等我們，準備考察完沸噴泉順流穿行峽谷後會合。我和小蒙小心翼翼地爬下了陡崖。就在緊貼崖壁的河灘邊，豎立着高約 1.2 米的泉華錐，錐底面朝河牀的一側，一股強大的高溫汽水柱，從一個直徑不足 5 厘米的泉口中斜向噴出，跨越喀母曲直達對岸谷壁，射程超過 20 米，氣勢洶湧蔚為壯觀，它可以稱得上是迄今為止，我國發現最大的沸噴泉。

在海拔 4,700 米的高原上，寒冷的冬季滴水成冰。在泉華錐頂上還有一個小噴泉，沸水噴向河岸，在入冬兩個多月的時間裡，冷卻了的泉水在河岸邊堆積出一團晶瑩剔透的冰堆，高達 2 米，在陽光投射下，從裡到外泛出幽藍色的光彩。在這片素以高寒著稱的秘境裡，大自然竟把皚皚冰雪和融融熱流令人難以置信地兼容並蓄，這一完美的契合，構成了世界屋脊上多麼引人入勝的奇觀。

在對岸的崖壁上，大噴泉的水花把水中的礦物質沉澱出顏色斑斕的片片泉華。大噴泉泉口以下的河牀上，一個規模更大的沸泉在水下翻騰，相信如果泉口露出水面，也一定是個氣勢洶湧的大噴泉。炙熱的噴泉和沸泉水，最終匯入喧囂的喀母曲，一同湧進峽谷之中。

喀母曲峽谷劈開高聳的阿伊拉山，深邃的谷身夾持在壁立的穹崖之中，谷底的寬度不足 2 米，陰森幽暗難見天日。從崖

巴爾沸噴泉在冬日噴發

壁上滲出的泉水凍結成一串串倒垂的冰掛，琳琅滿目。兩側崖頭崩落的岩塊充斥在谷底。河水在亂石堆中左沖右突，起伏跌宕，時而急流，時而瀑布。由於車子已經離去，沒有了退路的我們，就像過了河的卒子，只有硬着頭皮闖過這段峽谷。起初我還能踩着河水中露出水面的石塊跳着走。隆冬季節，白天最高氣溫也只有 攝氏零下三至四度，飛濺的水花，在石塊表面結了一層薄冰，一不留神，我便滑進水中，我索性脱掉濕透了的鞋襪和長褲在水中徒涉。幸好河水有熱泉水滲混，水溫有攝氏十幾度。在噴泉以下大約200 米的河段上，河底及河牀兩側的崖壁上，出露了幾十個細小的沸泉、熱泉和噴泉口，赤着腳走在河水裡，不時踩在灼熱的泉口上，或被噴泉的熱水噴濺在手上和臉上，就像被蟲子叮咬了一下。經過一個多小時的跋涉，終於走穿了這段長約 1.2 公里的峽谷。谷口豁然開朗，我一眼便看到等待我們的越野車，狂喜的心情讓我一把抱着焦急張望的藏族司機多吉師傅。

二十四年來，一直難以釋懷的牽掛也隨之了卻，一種自我滿足的豪邁，在我胸中放飛。

第四節　迅猛的水熱爆炸

水熱爆炸是一種極其猛烈的水熱活動，亦是十分罕見的自然現象，它是由於淺層地下熱水增溫，超過了熱水與所受壓力相適應的汽化溫度而發生驟然蒸發，稱為閃蒸，強大的汽化膨脹壓力猛然掀開地面，汽水混合物夾帶着泥沙石塊沖出地表而形成爆炸。

我國首次發現水熱爆炸

人們總是嚮往生命的翠綠。在喜馬拉雅山南坡的亞東縣工作的日子裡，我們每天享受蒼茫的林海和爛漫的山花，還有那急流、瀑布和清泉。1975 年 7 月 4 日，我們告別了令人留連忘返、青葱翠綠的亞東，汽車翻過堆拉山口，駛向黃沙漫漫的崗巴縣。崗巴縣城海拔 4,800 米，是藏南海拔最高的縣城。由於喜馬拉雅山擋住了南來的水汽，這裡年降水量不足亞東的五分之一。崗巴縣城背靠一座被風雨剝蝕得像古堡般的殘山。組成殘山的石灰岩，形成於四千多萬年前的海底，它記載着古地中海最後的輝煌。

第二天我們繞過殘山，沿着向東流的藏布曲到達科作村。在科作村東南的河灘和階地上，散佈着一些圓形的熱水塘，直徑 1~5 米不等，熱水從塘底湧出，水溫在 80℃ 左右。其中一個直徑有 2 米的熱水塘，水色混濁不堪，塘體呈喇叭狀，塘口堆積了一圈鬆散的泥砂和礫石，像座縮小了的“火山口”，我不禁陷入沉思：這是甚麼力量和作用能夠形成如此規整的堆積？我讓翻譯旺久請來了正在附近放牧的兩位牧民，他們告訴我這裡原來是個泉口，去年冬季的一天，他們正在附近放牛，突然爆發一聲巨響，只見汽、水和泥砂石塊一齊拋了出來，高有 10 幾米，整個過程歷時四至五分鐘。爆炸發生後，原來的泉口形成水塘，在半年之內塘內猛烈湧水，噴高有半米。近來泉口逐漸塌陷，湧水量也在減少。後來他們曾用 20 多米長的犛牛毛繩子放進泉口探測，竟然沒有到底。我立即作出判斷—這真是一次水熱爆炸，也是中國首次發現的水熱爆炸活動！

據牧民所説，在科作的北面的苦瑪公社以北，還有一處規模更大的水熱活動區。我們頓時精神煥發，再接再厲繼續北上。過了龍中區就沒有汽車路了，兩條馬車車輪印跡把我們引向沙丘起伏的荒灘。越過了一條乾河谷，我們這輛四輪驅動的卡車陷在大沙坡上，挖沙子、墊石頭都無濟於事，最後我們把車上的厚帆布、皮大衣都墊在車輪下面，千辛萬苦才爬上了沙坡。

苦瑪是個偏僻的牧業區，老鄉熱情地留我們吃中午飯，但為了趕時間，我們説好考察完畢後回來吃晚飯。我們從公社所在地向北走，那裡是一片連馬車都沒走過的戈壁灘，灘上佈滿礫石流沙，坑窪不平。我們的汽車掛上加力，我跨在車門外的踏板上為司機指路，汽車在礫石和沖溝之間哼着沉重的調子緩緩前行。根據油表和里程表的顯示，每公里耗油1公升。為了不致燃油耗盡拋錨荒野，並且趕在天黑前完成任務，我決定破釜沉舟，除一桶汽油之外，把車上所有的輜重全部卸光，空車載人前進，終於來到苦瑪水熱區。

苦瑪水熱區在苦曲藏布靠近源頭的河灘上，海拔有 4,800 米。水熱區內眾多的圓形熱水塘，類似科作水熱區，不過規模更大，塘口環形堆積物的直徑大者可達 10 米，水溫有 85.7℃。根據牧民的描述，我們知道這裡經常發生水熱爆炸，每年有四至五次，最多時有二十多次，每次持續三至四分鐘。

水熱爆炸穴　這個典形的小型水熱爆炸穴，就是位於苦瑪水熱區，是考察隊第一次發現水熱爆炸活動的證據。

爆炸前隨着塘內沸水翻滾越加激烈，而且響聲越來越大，最後一聲巨響，爆炸物拋到 10 多米以外。苦瑪水熱區的水熱爆炸比起科作水熱區更加猛烈和頻繁，規模也更大。

世界上處於強烈地熱帶內的國家和地區，例如美國西部、新西蘭、墨西哥、冰島等，都有水熱爆炸活動的報導。西藏科作和苦瑪水熱區發現的水熱爆炸活動，不僅是中國的首次，而且為藏南地區作為環球地熱帶上不可缺少的一環，提供了有力的證據。因而這項考察成果，極為難能可貴。

溫泉蛇啟示錄

西藏日喀則地區的薩迦縣，因聞名遐爾的薩迦古寺而得名。薩迦寺以仲曲河為界分南北兩寺，北寺建在北岸的山前，山上有灰白色的岩土，藏語中就是薩迦。

1975 年 8 月中，我們來到薩迦縣，住進古香古色的縣招待所，環境幽靜。三個多月來的地熱考察收穫頗豐，要寫一份簡報，發往科考隊的隊部。據當地介紹，薩迦縣的水熱活動區較少，從縣城出發的只有仲曲河上游的卡烏一處，於是我安排二位北京大學學員和翻譯旺久去調查，我留在招待所寫簡報。

早餐後縣委李書記來看我，聽説我們有人去了卡烏，他説那個溫泉可不簡單，水很燙，還發生過爆炸。他還説仲曲河水鹼性大，用河水灌溉的青稞地都返鹼，產量降低。我想這一定是一個規模很大，活動強烈的水熱區造成的。為了不遺漏重要的情節，我決定立即出發。這時已經來不及找馬匹了，李書記派人牽來他的坐騎，這是一匹四歲的棗紅馬，矯健有力。我策馬沿着仲曲河奔馳而上，不久河谷變窄，進入長長的峽谷段，小路離開河灘，繞上崎嶇的山坡。從山坡下來，卡烏水熱區就位於河牀進入峽谷之前的寬谷區。

水熱區沿着寬 100～200 米、長約 1 公里的漫灘（在洪水期才被淹沒的河谷底部，位於河牀和河谷谷坡之間）和階地上分佈。數不清的沸泉、熱泉、沸泥泉、熱水塘和噴汽孔成排出露，空氣中散發着濃烈的硫質氣味。在河牀右側的山坡下，一個大沸泉在噴薄不息，沸水騰高 2 米。在它東南 15 米的泉華灘上，有一個直徑 1.5米的大型冒汽穴，洞底溫度達 86.5℃，洞口熱氣蒸騰。各泉口流出的熱水匯而成溪，注入仲曲河。在仲曲河的河牀下也有熱水湧出，游魚可數。

我們正忙於採樣和測試，忽然不知從哪裡竄出一條青褐色的蛇，長近 1 米，曲體昂首，動作敏捷地朝河灘游去，我趕緊搶拍了一張照片。後來經動物專家鑒定，是一種生活在東亞地區的蛇。西藏很多水熱活動區有蛇，我們就曾在拉薩附近的當雄吉達果水熱區一次看到數十條蛇。1989 年我們再訪卡烏水熱區時，也見到了十多條。在海拔 4,000～5,000 千米，氣候乾燥寒冷的高原上，冬季冷到 -30 ～ -40℃，按理説根本不適宜蛇類生活。這些彼此孤立的水熱區裡，蛇是從哪裡來的呢？原來青藏高原未隆升之前，氣候溫暖、濕潤，隆升後才轉冷變乾，結果大部分物種被淘汰，唯獨隨着高原隆升而發展起來的水熱活動區，維持着溫暖濕潤的環境。殘存的蛇類以水熱區的青蛙、蝌蚪和魚等作為食物，又有溫暖的穴居條件，得以繁衍至今。蛇的出現，不僅是地熱異常的標誌，也是高原隆升的活見證。

卡烏公社座落在水熱區盡頭的一座大型泉華丘上，村裡村外熱泉眾多，熱水橫流。一位名叫堆巴的老村民告訴我們，河邊最大的沸泉口，大約在二十年前的一個清晨發生爆炸，碗口大的石頭從河的右岸拋到左岸，他還介紹了村裡的不同熱泉水可以治療不同的疾病。

這麼豐富的水熱活動，一天的時間顯得不夠用，所以我們做到天色很晚才回去。五匹馬歸心似箭，一匹賽過一匹爭先恐後地奔馳，快近縣城時天已黑盡，突然一條乾溝橫在路前，我的馬跟着前面的馬飛身躍起，就在這一瞬間我眼前一黑，人事不知了，醒來時我被抬在擔架上。我茫然地問：我們在哪？在幹甚麼？然後又陷入昏迷，再甦醒時已經躺在縣醫院裡了，旁邊是一位四五十歲山東口音的醫生，他整整守了我一夜。他説：如果我再不醒，就要給我開顱了。事後我才知道，當我的馬躍過乾溝之後，踩失前蹄把我摔了出去，我頓時昏死過去。當時漆黑一團誰也沒有發覺，直到我的馬趕上了他們，大家才發現馬背上沒有人，趕緊返回來找我，把我送進縣醫院，正巧山東青島市醫院的援藏醫療隊剛剛進駐薩迦縣。對我的診斷是左臉頰挫傷，嚴重腦震盪。我在醫院住了五天，出院時把街上的人嚇了一跳，原來我的左半邊臉還是青紫的。

1979 年夏天，我趁着去青島療養的機會，在市醫院裡找到這位為我治療的山東醫生。援藏兩年，他老了許多。

阿里曲普的水熱爆炸奇觀

阿里地區在西藏素有“高原上的高原”之稱，它的東南部有一片起伏和緩的高原盆地，盆地中心並列着拉昂錯和瑪旁雍錯兩座大湖，像兩顆湛藍的寶石，鑲嵌在南北兩座雪峰之間。湖區的北面，岡底斯山的主峰——海拔 6,656 米的岡仁波齊峰，如同一座玉質金字塔，巍然屹立；湖區南面，喜馬拉雅山西段的高峰—— 納木那尼峰瀕湖崛起，海拔 7,699 米，形勢更加雄渾。這裡的山山水水，美不勝收，一直是藏族民間傳說與神話的源泉。然而吸引我們的，並不是湖光山色和神奇傳說，而是瑪旁雍錯湖東南方，一處特別猛烈的水熱爆炸奇觀。

1976 年的 7月，我們從普蘭縣武裝部中隊駐地的霍爾區出發，一行十餘人躍馬揚鞭，沿着湖濱朝納木那尼峰的方向奔去。這時正是高原上最好的季節，浩淼的湖面上波光瀲灩，層

1976年在曲普
年輕的我和隊員拍馬揚鞭，在西藏阿里地區的曲普，發現了中國最強烈的水熱爆炸。

層碧波捲起銀色浪花向岸邊推來。極目遠望，綿綿白雲像一條潔白的哈達（藏族和部分蒙古族人表示敬意和祝賀用的絲或紗巾），纏繞在納木那尼峰的中腰，把雄偉的山體一分為二：戴雪的峰頂端坐雲表；綠草如茵的山坡，從雲底直鋪湖邊。

快到納木那尼峰山腳了，我們向東轉入札藏布河谷。這條河匯集了喜馬拉雅山北麓各條冰川的融水，水量相當豐富，飽含冰川紋泥的河水，呈現特有的乳藍色，從容不迫地向瑪旁雍錯湖傾注。當晚我們就宿於右岸一座鈣質泉華台地陡坎下的溶洞中。在 1970 年代，這裡的邊境還不很安定，小股騎匪流竄於中、印、尼三國交界的三角地帶，札藏布河谷是他們往來的一條重要通道。當晚我們和同行的縣中隊士兵混合編組，輪流值班放哨。

第二天一早，我們騎馬涉水過河。河谷左側漫灘和階地上是曲普水熱區，它的中心是一座平緩的矽質泉華丘，站在丘頂上，只見周圍大大小小的熱水塘星羅棋佈，小的直徑 1～2 米，大的有 10～20 米，有的水色碧藍，清澈見底；有的則泥沙翻湧，混濁不堪。一部分熱水塘的塘口圍繞着環形砂礫石堆積壟，形成垣體。這些都是發生過頻繁的水熱爆炸的證據。

從泉華丘下來，最先來到水熱區的西南方，在一二級階地交接的地方，我們發現了一組套疊在一起的巨型爆炸穴群，其中三個最大的爆炸穴口彼此相接，由南到北，長近 200 米，寬約 100 米，穴口周圍由砂礫石組成的垣體，最高可達 18 米，橢圓形，好像是一座設有看台的運動場，十分壯觀。從穴體形態和周圍植被生長情況判斷：靠南的穴口較老，靠北的兩個穴口較新，但都不可能是近期的爆炸活動形成的。

在這組大爆炸穴的東北，另有一組三個大型爆炸穴口套疊在一起，穴口最大直徑約 20 米，其中一個新生的穴口呈喇叭狀，鼎沸的穴底在低聲嘶吼，穴口不斷地噴雲吐霧。據同行的士兵說，1974 年 4 月，有幾位士兵在曲普巡邏時見到一個泉口爆炸。我判斷應該是這一個。

記得我們在出發之前，我們訪問過霍爾區委副書記，他曾憶述：“1975 年 11 月 12 日傍晚，我們跟隨牧群來到札藏布河邊，正準備安頓下來，忽然對岸傳來震天巨響，牛羊嚇得四處逃散，只見一股巨大的灰黑色煙柱衝上天空，一直升到大約八九百米的高度，形成一團黑雲飄走。爆炸拋出的石塊有平鍋大，一直打到一公里外札藏布的對岸。因為爆炸過後沒有到河對岸去看，爆炸發生的具體地點沒有弄清楚”。還有的牧民說：“這次爆炸的情景如同電影中原子彈爆炸”。這是我們在西藏調查到的最猛烈的水熱爆炸。然而這次爆炸究竟發生在哪裡？我們又來到水熱區的西北，在札藏布高河漫灘上散佈着五

西藏曲普水熱爆炸穴 這是由三個爆炸穴口組合而成的穴口群。爆炸掀出的泥砂礫石，堆積在穴口周圍。穴口充水，形成熱水沼澤和熱水湖。中間最大的穴口直徑有100米。圖中右上角白色蒸汽團所在地，就是1997年發生水熱爆炸的穴口。

六處新舊爆炸穴，其中最醒目的一處是直徑大約 25 米的圓形沸水塘，塘心有兩處翻湧不停的沸泉，輕風吹過，掠起一團團白色蒸汽，整個熱水塘籠罩在迷茫的汽霧之中，站在塘口，猶如置身於虛無飄渺的幻境。沸水塘四周，堆積着由灰白色的古湖泊堆積物組成的垣體，表面寸草未生。看來這次大爆炸只能發生在這裡。由此可以想像：我們剛剛看過水熱區西南那一組直徑約 100 米的爆炸穴口，當時的爆炸聲勢該有多麼驚人。

曲普水熱區的水熱活動類型組合十分豐富。在泉華丘的東坡上，硫質氣孔在吱吱作響，信手翻開地上的泉華塊，背面滿佈硫磺晶簇，金黃閃爍。我在地上揀到兩隻死雀，這是誤入歧途被硫質蒸汽窒息的枉死者。泉華坡腳下，一條來自爆炸穴群的熱水河，從泉華陡坎上奔流而下，熱水河沿途分佈着大大小小的沸泉。其中左側一處洶湧的泉口，被一塊崩落的矽華堵塞，沸水、蒸汽四處噴濺，我冒着高溫用冰鎬把矽華塊撬了出來，立刻一股汽水流呼嘯而出，形成噴高約 3 米的沸噴泉。沸噴泉旁有一個甕形冒汽穴，我們把測溫探頭扔進穴底，測溫儀顯示 95℃，我想如果把食品放進穴底，不用高壓鍋也可把飯煮熟。

2000 年冬季，時隔二十四年後我再一次訪問曲普水熱區，札藏布的岸灘上已經成為冬季牧場，一個老牧民告訴我：1997 年曾發生過類似 1975 年的大爆炸。據他説曲普水熱區大規模的爆炸大約七、八年發生一次，較小的爆炸經常發生。

曲普水熱區有很高的旅遊價值，然而它的科學意義更加深遠，是個值得進行長期監測和開展專題研究的天然實驗室。

第五節　為西藏開發地熱資源

水熱活動所反映的地熱資源，既是礦產資源，又是新興的能源資源。

1973 年 11 月，我們完成大峽彎年度考察工作後回到拉薩，向負責西藏自治區的郭錫蘭書記匯 報工作。當我匯報到大峽彎地區有很多高溫熱泉和沸泉時，郭書記不無期待地説："我們西藏很缺燃料，如果你們能夠幫助西藏調查一下雅魯藏布江流域有多少溫泉，那怕為拉薩找到能夠解決洗澡的熱水也是好的。"

充滿希望的羊八井地熱田

西藏缺煤少油，在當時已有十萬人口的拉薩市，只有裝機容量為 2,500 千瓦的納金水電站和 660 千瓦的奪底水電站。而正在建的西郊水電站第一、二期工程的裝機容量只有 2,760 千瓦。到了冬春季節，奪底水電站缺水停發，納金水電站出力僅為裝機容量的三分之一，因而拉薩市完全沒有電採暖和電炊。機關和軍隊的燒柴靠從遠在林芝的林區用卡車拉來的成材原木，居民靠買牧區運來的乾牛糞，以及從西郊沼澤地挖出來的草皮做燃料，不僅低效、污染，而且破壞生態平衡。

郭書記的一席話，促進了青藏隊對地熱專題研究的重視和擴建地熱專題組的緊迫感。1974 年，地熱組的區域地熱調查重點是距拉薩只有 90 公里的羊八井地熱田。

羊八井地熱田在念青唐古喇山東南側的寬敞盆地裡，面積有 7 平方公里，海拔約 4,300 米。1974 年 9 月我第一次來到羊八井，站在 5 公里外的青藏公路上眺望，首先映入眼簾的是熱水湖上直指藍天的蒸汽柱。當時要驅車抵近熱田是十分困難的，我們的車子駛下公路不遠便陷在泥沼裡，費了九牛二虎之力才拖了出來。我們在藏布曲畔支好帳篷後，我沿着藏布曲向上游作調查。藏布曲左岸的超河漫灘上，到處噴溢着熱水和蒸汽，泉口旁的硫華和鹽華斑斑駁駁。我取出水溫計準備測量一個泉口的水溫，不料右腳一下陷進熱水沼澤，沒等往出拔就陷到了大腿根，熱水滲進絨褲，整條腿越來越燙。同行的小吳連忙過來幫我把腿拔出來。高原早晚寒冷，沒等跑回帳篷，右腿又變得冰涼徹骨。剛到羊八井，不經意之間嘗到了它的下馬威。第二天一早，我們先去熱水湖。熱水湖南北長約 110 米，東西寬近 80 米，形狀略像一隻梨，南面熱水出流的水道恰似梨把。湖岸的砂礫岩是由熱水沉積出來的矽質膠結而成，十分堅硬。從湖底湧出的熱水，在湖面偏西部形成湍流，湛藍的湖面，微波漣漣。我們在湖邊測到的水溫為 57℃，這是歷年實測到的最高溫度。湖水流經長約 400 米的水道注入藏布曲，在水道右邊的灘地上，建有浴室和牲畜的浴池。據說牲畜洗過含有豐富礦物質的熱水浴，可以殺死寄生蟲，治療皮膚病和關節炎。

熱水湖東南藏布曲的心灘上，有一口直徑約 2 米多的沸水塘，沸水噴湧高達半米，當地傳說：這是念青唐古喇山神的鍋灶。心灘東北的一條裂隙，噴出 86℃ 的高溫蒸汽。裂隙延入河牀的部分，也有水下噴泉活動，水淺時，形成高1米多的水柱，附近牧民說這裡時有被燙死的魚浮出，原來又是一條“死魚河”。

在沸水塘所在心灘上游約 2 公里，藏布曲兩岸是連成一片的高溫水熱活動區。從階地到心灘，分佈着大量噴汽孔、冒汽地面、沸泉和熱水沼澤。

另一處高溫水熱活動中心在熱田的西部，其中最醒目的是兩座大型沸水塘，塘底水溫超過 90℃。

從熱水塘向北，越過中尼公路，我們來到念青唐古喇山的東南麓。形成於古冰川堆積的花崗岩大漂礫，在山腳組成和緩起伏的丘陵，又被五條山溝切割。一進溝口，一股強烈的硫質氣味撲面而來，岩石中的長石已受熱蝕變成高嶺土，潔白耀眼。在冰磧物的裂隙和孔隙中，充填着晶瑩剔透的自然硫的晶體，當地的硫磺礦正在開採硫磺，為拉薩化工廠提供原料製造硫酸。在採過硫磺的老採坑裡，又有新生的硫磺晶體形成，高原上空氣本來就很稀薄，濃烈的硫質蒸汽放氣現象更令人窒息，曾有人見到誤入其中而被熏死的鳥和兔。扒開溝底的砂層，即感灼手，打進半米多深的鋼釺，就會有高溫蒸汽冒出。原來念青唐古喇山山麓的硫磺礦區，是羊八井地熱區地熱異常最強烈的區域。

通過 1974 年的初步調查判斷，羊八井地熱田很有能源開發潛質。我用地球化學方法推斷，地下地熱流體儲集層的溫度在 200 ℃ 左右，這是一個鼓舞人心的數位。

1975 年，我們地熱組會同西藏地質局第三地質隊，初步評價和試驗羊八井地熱田的地熱資源。六月下旬，我再一次來到羊八井，參與了熱田的淺孔測溫和熱水

西藏羊八井熱水湖
這個熱水湖應形成於歷史上的一次大規模水熱爆炸，爆炸後的穴口靠地下熱水補給，積水成湖。自羊八井地熱田開發後，地下熱水的水位下降，壓力減小，致使熱水湖乾涸。

湖測量工作。我們在熱水湖中佈置了八條測線，共四十五個測點，熱水湖的面積有 7,350 平方米。從勾畫出來的湖底等深線可以看出，湖體像一個漏斗，漏斗中心在湖底的西北部，深 16.1 米，這是熱水上湧的通道。根據湖面面積、湖盆形態以及湖的東南岸散落的泉膠砂岩碎塊等跡象分析：它產生於一次猛烈的水熱爆炸，規模應該是我們在西藏所觀察到的水熱爆炸之首，但發生時間較早。熱水湖的存在，指明地下有高溫淺層熱儲。

開發熱田

羊八井地熱電站

就在 1975年的 7 月 4 日，由青藏科考隊與西藏煤田地質隊合作勘探的羊八井地熱田第一口探井，在井深 38.89 米處揭露了第一層淺層熱儲，隨即發生井噴，高溫汽水柱沖出井口，中國大陸上第一個濕蒸汽地熱田誕生。8 月 30 日開鑽的第二口探井，在井深 34.75 米處揭露了第一層淺層熱儲，汽水柱沖出井口高達 30米，柱頂蒸汽飄高近 100 米。在井深 35.9 米處測到 148.6℃ 的井溫。

1976 年，為了緩和拉薩電力供應的緊張局面，決定優先開發羊八井地熱資源，此後有關部門進藏，勘探羊八井地熱田和建設地熱電站。到了 1990 年代，羊八井地熱電站的總裝機容量達到 2.5 萬千瓦。在西藏羊卓雍湖抽水蓄能水電站建成投產前，羊八井地熱電站的年總發電量佔拉薩電網的 45%，成為拉薩電網的主力電站，特別在冬季，當水電站的出力大減時，地熱電站的出力反而因環境溫度降低而有所增加。拉薩市不僅解決了洗澡的熱水，而且用上了電炊和電採暖。

1990 年代和 2005 年，我曾多次重訪羊八井。現在的羊八井熱田佈滿了縱橫的管道和整齊的廠房，還利用發電排放的熱水建了露天游泳池、浴室和溫室。溫室裡生機勃發，一片青蔥翠綠，一年四季向市場供應新鮮蔬菜。

1994 年 3 月，在位於熱田北部的硫磺礦區的一口深井中，測到的最高溫度為 329.8℃，它從一個側面表明熱田的地下有局部熔融的岩漿作為熱田穩定而強大的熱源。

延伸思考（2）

1. 作者是水熱專家，所以對各種水熱活動如數家珍，經常提到很多外行聞所未聞的名稱，光是高溫顯示類型，就有水熱爆炸、間歇噴泉、噴汽孔、沸泉和沸噴泉等。術語雖然令人頭痛，卻是精確所必須。你對自問有興趣的學科，能有系統地列出多少術語？

2. 在野外做調查考察，難免要遇上危險，必須有豐富的知識和理智的估算。作者就曾在岡底斯山考察後遇上雷暴，憑聲光的時差，推算自己的安危。你知道還有哪些科學活動要冒險才能做到嗎？試從書本或互聯網上找一找。

3. 在野外長期考察，生活是極為艱苦的，衣食住行都有種種限制。本書就有不少例子，例如在"高原上的天然熱水日光浴"一節，隊員兩個多月沒洗澡，在高原上邊洗熱水澡邊談天。經過艱苦，才知快樂可貴，苦中有樂，也讓人回味辛苦的價值。你在生活上和心理上是否有足夠準備做野外考察？給自己評評分。

項目	自我評分
衣：抵受寒熱、難得洗澡等	
食：忍飢抵渴、啃乾糧、有甚麼吃甚麼等	
住：露宿、借宿等	
行：疲累、冒險、長時間徒步、翻山越嶺、適應各種交通工具等	
心理和情緒：面對艱難，應付孤獨無援，遇險時鎮靜等	

4. 人生難以無憾，作者考察水熱期間，偏偏遺漏了最大的巴爾沸噴泉。你曾否有過抱憾的經驗？如有，你如何面對？如無，你打算怎樣面對？

第三章

卡爾達西火山紀行

現代火山活動是地熱學家關注的對象。中國最新的火山爆發，發生在大陸腹心的青藏高原北緣的崑崙山區，它是南亞板塊持續向北推擠的結果。那裡不僅有由標準的截頭圓錐形火山錐所組成的火山群，還有由火山熔岩流截斷克里雅河形成的兩座鹹水型內陸火山堰塞湖。

第一節　中國大陸火山的最新爆發

情繫新疆克里雅火山群

記得中學的時候，我在《旅行家》雜誌讀到一則轉載自新疆報紙的消息，説 1951 年 5 月 27 日，在崑崙山建築藏北公路的工兵部隊，在公路不遠的地方看到一座山頭“冒煙並噴飛石頭”。後來蘇聯的《自然》期刊引述了這則消息，又列舉了十九世紀以來的科學家，在新疆西藏交界的崑崙山考察火山的歷史，包括 1913 年德國動物學家楚格麥耶爾在新疆克里雅河上游，發現很多火山口和熔岩蓋（熔岩在平緩地上流動並冷卻而成的寬廣原野）；還有中國著名地質學家王恒升證實，他於 1950 年在崑崙山克里雅地區看到未被破壞的火山口，以及從火山口流出來的熔岩流。於是在以後的中國多種地圖上，新疆南部出現一個紅色的活火山標記，這個標記位於新疆于闐縣普魯村以南約 30 公里的克里雅河支流上，正當崑崙山西段的北坡。從那個時候起，我對這座火山充滿了幻想，但從來沒有境親臨其境的奢望。

其實中國有六百六十多座火山，然而大多數火山都是在人類文明出現以前就已經爆發過的死火山，克里雅火山群卻有在1951年爆發的活火山。而且，歐亞大陸的現代火山活動，一般都集中在板塊運動最活躍的大陸板塊邊緣，太平洋西部的海洋板塊之間或者海洋與大陸板塊之間的弧形海島鏈上，例如日本列島、菲律賓列島和印尼群島等，這些島鏈上的火山又稱為海洋型的火山。但分佈在大陸腹心地帶的火山十分少有，近代有爆發活動的就更加少見。因此克里雅火山群的這次爆發，不僅是中國火山活動的最近紀錄，也是歐亞大陸型火山活動的最新紀錄，令人神往。

在世界各大地熱帶上，水熱活動跟現代火山活動大多是如影隨形的孿生兄弟，因此現代火山也是研究水熱活動的地熱學家關注的對象。

難能可貴的機遇

1976 年夏季，正當我們在西藏阿里地熱區南部連續發現高溫水熱活動區，把喜馬拉雅地熱帶從青藏高原東部的雅魯藏布江流域不斷向西延伸而無暇他顧的時候，另一邊廂，我們科考隊阿里分隊的地質組，就穿越藏北羌塘無人區，打算向北翻越崑崙山的克里雅山口，到新疆克里雅河上游，去考察這個與青藏高原隆升息息相關的克里雅火山群。無奈他們那輛全隊最好的三軸驅動越野車卻無能為力，爬不上山口，考察火山的工作唯有打住。九月底，我們正在緊鄰新疆南部的阿里，當時地熱考察工作已經結束，全隊人正準備經新疆烏魯木齊返回北京。我意識到，這是我唯一能考察這座火山的絕好機會。

九月，我們集中到阿里的首府獅泉河。考察克里雅火山群，可以從獅泉河循新藏公路向北行進入新疆，再沿崑崙山北麓轉折向東。我抓緊機會，向隊部提出考察克里雅火山群的請求，分隊支持我的請求，但限定我們的車輛必須在十月十六日前到達烏魯木齊，才能趕上托運全隊車輛、物資和裝備的火車返回北京，否則火車不等人，自己得想辦法回去。我算一算時間，認為可以，就答應下來。

九月底的阿里高原，草木凋零，已是一片初冬的蕭殺景象。經過四個多月高原野外連續作業，全體考察隊員體力消耗過度，個個人困馬乏，加上當年七月唐山大地震殃及北京，大家都歸心似箭。但一聽說有機會探訪 1951 年爆發的火山，一時竟有五名隊員報名。當我把一路上可能遇到的困難、火山位置和往返時間的不確定性向大家擺明之後，有兩個隊員退出，餘下我和我們地熱組的老廖、拍攝新聞紀錄電影的小趙。我們選了一輛北京吉普車和司機小韓。小韓是位轉業軍人，一向沉默寡言，埋頭工作，很得大家信賴。

為了趕在大雪封山前翻越喀喇崑崙山進入新疆，我們必須在十月初出發。越過喀喇崑崙山 5,700 米的山口後，往下走至葉城，再經過危機四伏的戈壁灘，到于闐縣的普魯村。但到了普魯村不等如就看到火山，還得在那裡找一找，那麼回程的時間固然不能保證，難度和危險也難以預料。

從風雪高原到沙漠綠洲

十月二日，我們從阿里首府獅泉河出發，沿新藏公路北行。新藏公路是連接新疆南部葉城和西藏阿里獅泉河的高原公路，它使阿里與新疆聯繫的便利，超過西藏拉薩，因而曾有一段時間，阿里的物資供應、人員調配甚至邊境防務，都由新疆負責。第二天路途的海拔逐漸升高，由於缺氧，汽車的馬力下降，在冰雪覆蓋的路面上蹣跚爬行，哼哼唧唧地越過喀喇崑崙山海拔 5,700 米的界山大板進入新疆。“大板”是新疆語“山口”的意思，公路跨過 5,700 米的山口，在中國以至世界公路史上也是絕無僅有的。我們早已風聞要翻過這個山口，很少人會發生高山反應，嚴重的甚至一命嗚呼。

汽車沿龍喀什河急轉直下，第三天到達新疆的葉城。葉城是新疆南部塔克拉瑪干沙漠周邊一個綠洲，陽光和煦，婆娑的鑽天楊和那令人陶醉的瓜果芳香，好一派生機盎然的景象。我們剛剛告別風雪高原，幾個月不知新鮮蔬果味，到了這裡，彷彿進入一片豁然開朗的新天地。

第四天離開葉城東行，車子順利穿過廣漠的戈壁灘和一個又一個綠洲，到達沙漠邊緣的于闐縣。于闐縣政府為我們安排了一名維吾爾族翻譯克里木。從于闐縣向南通往普魯村的路十分難走，兩旁像小山般的沙丘不斷侵埋路面，車輪好幾次在沙窩裡動彈不得，無奈之間，我想起已經成為負擔的皮大衣，於是我們把四個人的大衣分別墊在四個車輪下面，終於一次次擺脱了困境。好不容易崑崙山在望了，磨損嚴重的輪胎卻又接連兩次爆裂，僅有的一隻備胎用上了，另一隻爆胎只好用鋼絲把破損的部位箍緊，勉勉強強開到了普魯村。

第二節　莽莽崑崙徒步行

尋訪“卡爾達西”火山

普魯村北望戈壁，南依崑崙，是個以牧業為主的維吾爾族村落。一到達普魯村，我們立即查訪火山。然而忙了兩天，已經十月七日了，村中無論是長老或是青壯年村民，誰都沒有聽説過附近 30 公里內發生過的火山噴發。村長建議我去找畜牧站的老站長，因為他經常勘查牧場，到各放牧點為牲畜看病，是這一帶的活地圖。我滿懷希望來到村頭找他，但他斷然地説，周圍不要説 30 公里，就是 100 公里之內也沒有過火山噴發。他又説，大約在 1959 年夏天，十幾輛車載着三四十個人，包括蘇聯專家，也來打聽過 1951 年火山噴發的事，後來還是順原路回去了。正在希望近於渺茫的時候，村裡一位叫大肉孜的公安員提供了一個重要消息，他去年曾經翻越崑崙山到達一個名叫“卡爾達西”的地方，那裡有座圓錐形的平頂山，周圍一片黑石頭，他説維吾爾語的“卡爾達西”，是“着了火的石頭”的意思。正在一旁的一位村幹部連忙補充説，他在 1951 年夏天，到過“卡爾達西”旁的阿支克庫爾湖畔放馬，曾經多次見到巨大的水柱從湖面上躍起，發出轟然聲響。這不正是火山活動期後的氣體釋放現象嗎？這兩則振奮人心的信息，使我重燃希望。

懷着滿腔興奮和盼望回到村裡，卻又遇上現實的困難，因為村長告誡我們說，1951 年工兵部隊沿着克里雅河修的路，早已被水沖毀。今年夏天的洪水來勢特別兇猛，不少地方塌方，山高路險，來回至少需要七天，不可能準時趕回烏魯木齊；而且十月份的崑崙山，已經進入暴風雪的季節，建議我們明年春天再來。村長的一席話，讓我面臨新的抉擇。我走出房間，仰望南方，群峰戴雪的莽莽崑崙森然在目，這道雪嶺銀屏的背後，不知潛藏了多少危機。我為了不失去這次來之不易的機會而抱憾終生，決定讓老廖和小趙先返回先到于闐縣修理汽車，然後按期趕到烏魯木齊。送走了兩位同伴，我請公安員大肉孜做嚮導，加上翻譯克里木和生產大隊派來的兩位民工準備上路。兩位民工連夜為我們烤製了一麻袋維吾爾族特有的食品饢。饢是一種發酵的麵餅，用半埋在地下的爐灶烘烤而成，外脆內鬆，很耐儲藏。至於代步和馱運用的畜力，我本想普魯村有的是駱駝和馬匹，沒料到村長堅持讓我們用驢。他解釋說，因為經過今年夏天的特大洪水，克里雅河谷變得崎嶇難行，大牲畜上不了山。我雖然有所疑惑，但還是接受了他的建議。

從普魯村出發　我們騎着毛驢啟程，前面是嚮導大肉孜，後面是維吾爾語翻譯克里木。

孤身上路、重返高原

在獅泉河臨時組建的五人火山考察組，經過一再減員，最後只剩下我一個人孤身上路。

十月十日是個晴朗的好天，我們一行五人趕着十頭毛驢出發，其中三頭是我們的坐騎，七頭馱上帳篷、裝備，還有五個人一週的食物及十頭毛驢的草料。翻譯克里木身材瘦長，長着一副深目高鼻的面龐，他是于闐縣政府的工作人員。嚮導大肉孜是膀大腰圓的壯漢，我擔心他座下的那條毛驢如何承受得住。兩位民工是普魯村的牧民。我們沿着克里雅河向上，還沒有走出多遠，後面傳來一陣清脆悅耳的駝鈴聲，一隊駱駝昂首闊步趕上來，很快超前過去。我們這十頭瘦小的毛驢相形見絀。趕駝的人告訴我，他們每年趕在大雪封山前，進山馱回和闐玉石。自漢代以來，名揚中外的和闐美玉，最早產於崑崙山前，戈壁灘上的礫石灘中，後來人們循着克里雅河的水流路徑，在于闐縣以南的崑崙山中找到原生礦，從此和闐玉的產量和質量都大為提高。和闐玉是由深藏在地殼中的角閃岩，經受熱力和壓力的作用變質而成，它與板塊運動引起的高原隆升密切相關。

河谷越來越窄，兩頭驢由分別馱着體積龐大的帳篷和一塊鋪地大帆布，經常被卡在石崖中間動彈不得，兩位民工忙上忙下耽擱了時間。為了趕路，我不惜今後幾天冒在風雪崑崙山中露宿的危險，捨掉帳篷和帆布，輕裝簡行。當晚，我們露宿在與玉石礦分道的岔路口上。

第二天，我們轉向克里雅河一條支流的峽谷中，谷身又陡又窄，只能步行，還得不斷在水寒刺骨的急流中往返跋涉，峽谷中的流沙坡和倒石堆接連不斷，我們的馱驢要在大石縫中鑽來鑽去，不時還要卸下輜重，空身過去然後再裝，大牲畜就連自身都過不去，這時我才體會到驢的好處。這一天，我們在海拔 4,000 多米的地窩子宿營，這個地窩子是 1951 年修路時的舊工棚。

1951 年為了準備從新疆打開一條進西藏的公路，一支築路大軍，從新疆于闐經克里雅河谷，修築一條通往西藏北部改則的新藏公路，然而克里雅河谷的路段工程艱巨，山洪屢次沖毀剛剛修通的路基和橋樑。後來新藏公路改由新疆葉城經玉龍喀什河谷和界山大板通往阿里的獅泉河。當年在築路的同時，一支由漢、藏、蒙、回、東鄉、維吾爾等七個民族士兵組成的先遣連，經克里雅河谷向南穿越藏北羌塘高原無人區到改則，一路上住地窩子，喝鹹水，經受斷糧、缺氧、零下三四十度隆冬的無情折磨，到達改則時，一百多人的連隊只剩下二十多人。如今我足踏前人走過的路徑，一種時不我待的責任感和面對艱險的無畏油然而生。我們住的地窩子下半截挖在土層中，

翻越海拔 5,122 米的崑崙喀騰大板

上半截壘起的土牆塌了大半，棚頂早已沒影了。前幾年一支測繪部隊路過這裡，遺下的木板包裝箱，成了我們的燒柴。煮好一鍋湯，就着饢，算是一頓晚餐。

第三天我們轉上一條支溝，海拔越來越高，徒步攀登氣喘吁吁。忽然我在海拔大約 4,700 米的一段陡崖上，發現一套夾有石膏和鹽層的紅色砂泥岩層。這套十分年輕的水平狀岩層，應當形成於低海拔乾燥和炎熱氣候環境下的內陸湖盆，如今竟出現在如此高的位置上，可見崑崙山近期抬升的速度，不比喜馬拉雅山遜色。在海拔 4,700 米以上，進入積雪帶，前方豁然開朗，崑崙山口終於在望。聽嚮導説，因為“卡爾達西”附近出產硫磺，所以這個山口就叫做硫磺大板。我站在山口望着皚皚的雪峰和湛藍的天際，不盡感歎又重新登上了青藏高原，所不同的是，這次基本上是徒步爬上去的。

登上火山口

崑崙山在這裡至少分成南北兩條支脈，合抱着一片遼闊的平野。這片四周環山的盆地，佈滿了灰黃色的風積砂礫石，三五成群的藏野驢在曠野奔馳，野犛牛在山坡上踱步。

一路上我們不只一次見到一堆堆白色屍骨，大肉孜會告訴我區分哪個是駱駝，哪個是馬，這些是測繪隊曾經使用過的役畜。還有一堆跪姿的人骨，大肉孜説他們是曾經被通緝的逃犯。高原無人區的嚴酷，可想而知。離開山口向東大約 8 公里，我發現了第一片暗黑色的熔岩台地，這片台地沒有火山口，平鋪在風積的砂礫石上，顯然是深部岩漿從地殼的斷裂帶中新近溢流而形成的。

我們沿盆地的的北緣繼續東行，座落在一片黑色熔岩台地頂端的“卡爾達西”火山錐，終於露出了朦朧的身影。黃昏時分，我們找到一片乾涸的河牀邊，準備在那裡過夜。嚮導大肉

終於登上了卡爾達西火山口

孜赫然發現河陡坎下面有大大小小的洞穴，地上還有發白色的糞便，他認為這是狼居住和活動的痕跡，不宜久留。我們不得不摸黑趕到卡爾達西熔岩台地邊緣的烏魯克庫侖湖邊。我們選擇的露宿地海拔有 4,700 米，高原上的晝夜溫差極大，凜冽的寒風催促我草草吃完晚飯，和着羽絨服鑽進了睡袋。第二天清晨我被凍醒，只覺得口鼻周圍的睡袋口，已被呼出來的水蒸氣凍結了，冰涼地貼在額頭和面頰上。我從睡袋裡掏出已經準備好的溫度計，借着晨曦一看，啊！-16℃！在這樣低溫下露宿，還是平生第一次。太陽緩緩升起，氣溫顯著升高，可是嚮導和翻譯由於高山反應，已經起不來了。我和兩位民工點火燒水，湖水是唯一的水源，水味苦澀，喝下去不覺解渴，從昨晚至今，只覺肚子脹。

我們的露宿地緊靠“卡爾達西”火山所形成的熔岩台地。台地的邊緣高達二三十米，像一堵黑色的大牆聳立在我們面前。我和兩位民工找到一處缺口爬了上去。卡爾達西火山以標準的截頭圓錐形，靜謐地穩坐在熔岩台地的頂端。經歷了那麼多周折找到這座現代火山，我所有的期盼和經歷過的磨難，一時化為無比興奮和無以名狀的慰藉。我拿出兩部照相機和攝影師小趙留給我的攝影機，拍下卡爾達西火山和第一張彩色和黑白照片以及第一個電影鏡頭。火山錐體和它下面的熔岩台地，全部由褐黑色的層狀熔岩流組成，表面披蓋着斑駁的殘雪和漫漫的風積黃沙。我和兩位民工語言不通，我打手勢比劃地指揮他們幫我測量火山錐。火山錐的錐頂海拔 4,900 米，錐頂高於熔岩台地 145 米，頂面是一個內凹的圓筒形火山口，面積有 96,000 平方米，相當於十五個足球場。在深達 56 米的底部，塞滿了巨大的熔岩集塊和火山角礫。我沿着陡峭的火山口內的岩壁爬到底部，在亂石堆中發現一條黝黑的穴道，曲折地通往火山口的深部，我依仗着一隻冰鎬爬了進去，走了大約 10 米深似乎到了盡頭。這個穴道可能是 1951 年噴發時遺留下來的。

登上火山錐的錐頂，只見卡爾達西火山以北，聳立着一座更大的火山錐，海拔超過 5,000 米。這座火山錐的下半截，是一個殘破了的大火山口。由於再次噴發，熔岩流又在老火山口的上面堆積出另一個小火山錐。這種錐上有錐的複式火山錐體在中國極為少見。在這兩座火山錐的東南方，還有一座火山錐，相對高度只有 70 米。三座火山錐形成鼎足三立之勢，它們各自噴發的火山熔岩流形成的熔岩台地互相啣接，截斷了從西向東和從南向北的克里雅河兩條上源，分別形成了兩座火山堰塞湖，它們是繼黑龍江五大連池和鏡泊湖之後，中國發現的第三處火山堰塞湖。高原上氣候乾燥，輻射強烈，湖面水份的蒸發損失超過入湖的水量，形成沒有外流水量的內陸湖，湖水中的鹽分長期積累，水質變鹹，成為世界上罕見的內陸鹹水型火山堰塞湖。

在火山錐以下，昔日熔融的岩漿從火山口外溢，在流動和冷卻的過程中，形成一條條蛇形扭曲的熔岩壟，在熔岩台地上四處延伸。熔岩壟的表面，還黏接了許多從火山口噴出的火山角礫。熔岩台地上還可以看到高約 1 米的噴氣錐，這是熔岩流在冷卻的過程中，排出的氣體把熔融的岩漿帶出來，在地表逐漸積累而成。在卡爾達西火山錐的西南，還有一個被爆炸性噴發炸掉了火山錐的火山口，火山口裡填滿了火山彈和熔岩碴。

我們走下熔岩台地來到湖邊，發現一個開採硫磺留下來的採坑。火山活動期後的含硫蒸汽，在湖濱沉積物的孔隙裡結晶成晶瑩剔透的黃色晶體，但是採坑裡硫磺氣味濃烈，使人頭暈目眩，不能久留。民工說，硫磺採出後，回填到坑裡的砂土中，還會有新的硫磺生成，原來這是一座可以再生的活的硫磺礦。

卡爾達西一號火山錐　正中是高踞在熔岩台地上的一號火山錐。錐體左側可見一截高約20米的殘山，它是早期規模更大的老火山錐，在一次爆炸性的噴發中被摧毀。現在的火山錐，是從那時以後才逐漸發展起來的。

歸途暴風雪

整整一天的緊張工作，本想回到露營地好好休息，準備第二天繞道北部的複式火山考察。但是在露營地上，克里木和大肉孜已經把所有行裝收拾好。原來大肉孜根據天空雲量的迅速變化，預料很快會變天。這時我注意到那些最能適應惡劣環境的驢圍在一起，四條腿在打顫，也顯示牠們內心的不安和恐慌。我不敢稍怠，趕忙收拾採集到的岩石、硫磺礦標本和湖水樣本瓶，馬上啟程踏上返回的路。

還沒有走到硫磺大板，天色已經暗下來，一時間風起雲湧，飄起了雪花。剛過山口，天氣驟變，朔風捲着紛紛揚揚的雪花撲面而來，雪花結成雪片，雪片又黏成了更大的雪團，不斷地打在臉上，鑽進耳朵裡，塞滿了耳孔。我用手指掏出雪塊，又再度被塞滿。不出大肉孜所料，暴風雪真的來了。我們急忙趕着毛驢下山，坡度越來越陡，大雪完全封蓋了大地，看不清腳下的路，也無暇擇路，只是憑着感覺深一腳淺一腳地往下闖，這個時候只要一跌倒便會滾下山去。然而我逐漸發現，跟着毛驢踩出的路走不會出錯，因為牠們在野外保全自己的能力比起人類要強得多。

暴風雪來得急也走得快，待我們到達上山時住過的地窩子，風雪已基本停息。午夜已過，我們點起固體燃料燒水煮湯，烘烤鞋襪。雖然狼狽不堪，精疲力盡，不過我還是暗自慶幸，如果我們在路上不是捨棄帳篷而耽擱一天，或者暴風雪出現在昨天晚上，後果都不堪設想。人生就是這樣，成功或者失敗，往往就在一念之差，一瞬之間。

兩宿無話，第三天揀回我們來時丟在路上的帳篷和帆布返回普魯村。經過六天來的同甘共苦，我和嚮導大肉孜以及兩位民工成了朋友，大肉孜請我到他家吃手抓羊肉；兩位民工為我搓了一根野犛牛的牛毛繩子。第一天上路與我們同行的趕駝人，也滿載和闐玉石返回普魯村。他送給我一塊和闐玉中的上品——羊脂璞玉。這條牛毛繩與這塊璞玉，作為攀登卡爾達西火山的紀念，我一直保存至今。

村長幫我聯繫了一輛拖拉機返回于闐縣，翻譯克里木陪我乘長途車抵達和闐。從和闐，我乘搭民航機飛越浩瀚的塔克拉瑪干沙漠，剛好趕及在十月十六日前抵達烏魯木齊。在烏魯木齊，一條振奮人心的消息在考察隊員之間不脛而走：四人幫被逮捕了！

跋

在我最後的六天行程中，以往返兩次翻越莽莽崑崙，結束了我為時四年的高原野外科學考察生涯。往事如煙，回想起1973年我初上高原的第一條野外考察路線，是徒步翻越喜馬拉雅山的東段，進入青藏高原東南端最為潮濕炎熱的雅魯藏布江大峽彎。而我離開高原的最後一條考察路線，竟是青藏高原西北端，被認為是寒旱中心的崑崙山西段。既是巧合，又是必然，在這兩者自然面貌的巨大反差之間，包含了青藏高原變幻無窮的千般姿采和萬種風情。

作為中國首批科學工作者們所面對的雅魯藏布江神秘的大峽彎，不再僅僅是感嘆它的深邃、凶險和危機四伏，而是更加理性地着重揭示它豐厚的科學內涵。我們首次查實了大峽彎豐富的水資源量、分佈狀況和水質；計算了大峽彎無以倫比的水能資源蘊藏量；證實它是世界上水能資源最為集中的區域；為未來曠世之作的巨型墨脫水電站，繪製了一幅極具想像力的藍圖；並且預估了開發這座水電站在科學技術上所面臨的挑戰。

由我倡議組建的地熱組，通過四年來艱苦卓絕的工作，西藏的水熱活動區由原來的四十六處陡增至六百多處。這裡不僅有人們熟悉的溫泉、熱泉，更展示了活動激烈的水熱爆炸、間歇噴泉、噴汽孔、沸泉和沸噴泉等令人眼花撩亂的高溫水熱活動；由於它們位於喜馬拉雅山脈以北東西綿亙2,000 公里，以及它們產生於導致南亞次大陸與歐亞大陸發生碰撞的喜馬拉雅造山運動，因而命名為喜為拉雅地熱帶；它把地中海地熱帶和環太平洋地熱帶銜接在一起，是環球地熱帶上不可或缺的一環。通過全組努力，促成了羊八井地熱電站開發。

我被青藏高原的博大、雄渾和無盡的科學內涵所震撼。從中，我收獲了知識，磨礪了身心，開拓了眼界，豐富了情感，作出了貢獻，調整了人生的坐標。

延伸思考（3）

1. 前路既遙遠又危險，隨時要賠上性命，火山又不容易找到，又極可能趕不上回家的火車。良好的時間管理，當機立斷，加上運氣，是成功的條件。你認為作者在當時的條件下去找火山，值得嗎？

2. 在“孤身上路、重返高原”一段，前人築新藏公路，辛酸艱險，不少人賠上性命。今天所謂交通方便，是在前人篳路襤褸的血淚上建立起來的。道路工程的難和險，古代中國有入四川的棧道，近代有修築滇緬公路。甚至你身邊，都有艱苦修成的工程。舉出你心目中的世界級、國家級，或你所在地區的偉大交通工程。

3. 考察隊員心裡都明白，能夠在文革時期進入人煙稀少的青藏高原做科學考察，是中國當時幾億的人口裡極幸福的一群。由 1966 至 1976 年的文化大革命裡，仍有人排除萬難，努力做有價值的事。1972年出土的湖南馬王堆漢墓，震動一時，到今天仍有極重要的考古價值，試找找有關書籍，談談這次發現的重要性。

商務印書館 讀者回饋咭

請詳細填寫下列各項資料，傳真至 2565 1113，以便寄上本館門市優惠券，憑券前往商務印書館本港各大門市購書，可獲折扣優惠。

所購本館出版之書籍：____________________

購書地點：____________________ 姓名：____________________

通訊地址：____________________

電話：____________________傳真：____________________

電郵：____________________

您是否想透過電郵或傳真收到商務新書資訊？　1□是　2□否

性別：1□男　2□女

出生年份：__________年

學歷：1□小學或以下　2□中學　3□預科　4□大專　5□研究院

每月家庭總收入：1□HK$6,000以下　2□HK$6,000-9,999
3□HK$10,000-14,999　4□HK$15,000-24,999
5□HK$25,000-34,999　6□HK$35,000或以上

子女人數(只適用於有子女人士)　1□1-2個　2□3-4個　3□5個以上

子女年齡(可多於一個選擇)　1□12歲以下　2□12-17歲　3□18歲以上

職業：1□僱主　2□經理級　3□專業人士　4□白領　5□藍領　6□教師　7□學生
8□主婦　9□其他

最常前往的書店：____________________

每月往書店次數：1□1次或以下　2□2-4次　3□5-7次　4□8次或以上

每月購書量：1□1本或以下　2□2-4本　3□5-7本　4□8本或以上

每月購書消費：1□HK$50以下　2□HK$50-199　3□HK$200-499　4□HK$500-999
5□HK$1,000或以上

您從哪裏得知本書：1□書店　2□報章或雜誌廣告　3□電台　4□電視　5□書評/書介
6□親友介紹　7□商務文化網站　8□其他(請註明：____________________)

您對本書內容的意見：____________________

____

您有否進行過網上購書？　1□有 2□否

您有否瀏覽過商務出版網(網址：http://www.commercialpress.com.hk)？1□有　2□否

您希望本公司能加強出版的書籍：1□辭書　2□外語書籍　3□文學/語言　4□歷史文化
5□自然科學　6□社會科學　7□醫學衛生　8□財經書籍　9□管理書籍
10□兒童書籍　11□流行書　12□其他(請註明：____________________)

根據個人資料「私隱」條例，讀者有權查閱及更改其個人資料。讀者如須查閱或更改其個人資料，請來函本館，信封上請註明「讀者回饋咭-更改個人資料」

請貼
郵票

香港筲箕灣
耀興道 3 號
東滙廣場 8 樓
商務印書館（香港）有限公司
顧客服務部收